新编全国高等职业院校烹饪专业规划教材

冷菜制作工艺与食品雕刻基础

LENGCAIZHIZUOGONGYI YU SHIPINDIAOKEJICHU

杨旭◎主编

北京·旅游教育出版社

出版说明

我国烹饪享誉世界。进入 21 世纪以来,随着社会经济的发展和人们生活水平的不断提高,国际化交流不断深入,烹饪行业经历了面临机遇与挑战、兼顾传承与创新的巨大变革。烹饪专业教育教学结构也随之发生了诸多变化,我国烹饪教育已进入了一个蓬勃发展的全新阶段。因此,编写一套全新的、能够适应现代职业教育发展的烹饪专业系列教材,显得尤为重要。

本套"新编全国高等职业院校烹饪专业规划教材"是我社邀请众多业内专家、学者,依据《国务院关于加快发展现代职业教育的决定》的精神,以职业标准和岗位需求为导向,立足于高等职业教育的课程设置,结合现代烹饪行业特点及其对人才的需要,精心编写的系列精品教材。

本套教材的特点有:

第一,推进教材内容与职业标准对接。根据职业教育"以技能为基础"的特点,紧紧把握职业教育特有的基础性、可操作性和实用性等特点,尽量把理论知识融入实践操作之中,注重知识、能力、素质互相渗透,契合现代职业教育体系的要求。

第二,以体现规范为原则。根据教育部制定的高等职业教育专业教学标准及劳动和社会保障部颁布的执业技能鉴定标准,对每本教材的课程性质、适用范围、教学目标等进行规范,使其更具有教学指导性和行业规范性。

第三,确保教材的权威性。本套教材的作者均是既具有丰富的教学经验又具有丰富的餐饮、烹饪工作实践经验的专家,熟悉烹饪专业教学改革和发展情况,对相关课程的教学和发展具有独到见解,能将教材中的理论知识与实践中的技能运用很好地统一起来。

第四,充分体现教材的先进性和前瞻性。在现代科技发展日新月异的大环境下,尽量反映烹饪行业中的新工艺、新理念、新设备等内容,适当展示、介绍本学科最新研究成果和国内外先进经验,体现教材的时代特色。

第五,体例新颖,结构科学。根据各门课程的特点和需要,结合高等职业教育规范以及高职学生的认知能力设计体例与结构框架,对实操性强的科目进行模块化构架。教材便于学生开阔视野,提升实践能力。

作为全国唯一的旅游教育专业出版社,我们有责任也有义务把体现最新教学改革精神、具有普遍适用性的烹饪专业教材奉献给大家。在这套精心打造的教材即将面世之际,深切地希望广大教师学生能一如既往地支持我们,及时反馈宝贵意见和建议。

旅游教育出版社

前　言

　　《冷菜制作工艺与食品雕刻基础》立足于烹饪理论知识与烹饪操作技能训练，旨在辅助烹饪专业的教师实施教学，帮助广大烹饪专业的学生和烹饪爱好者更好地掌握专业技能。

　　编者总结了教学工作中的理论与实践经验，认真分析了现有专业教材的特点并对现行教学方法进行了研究，借鉴了烹饪专业的其他教材、书籍和烹饪专家的研究成果，编写了《冷菜制作工艺与食品雕刻基础》一书。

　　《冷菜制作工艺与食品雕刻基础》包括冷菜制作与冷菜拼摆技能、果蔬雕刻基础技能。本书在编写的过程中摆脱了传统教材的模式，以现代餐饮行业对烹调工作岗位职业能力的要求为标准，以项目、任务和实训层层入手，介绍了18种常见冷菜烹调技法制作的菜肴和常见的果蔬雕刻和冷菜拼摆品种。项目中既有基础知识，又有实训课题、实例，由浅入深，步步深入，系统地讲解知识点，使理论知识与实践技能相互渗透、相互融合，突出了职业教育的理论和实际一体化的教学模式。通过对本书的学习，读者能够掌握冷菜制作技巧，并在实践中逐步摸索出规律，为餐饮业的发展而服务。

　　限于作者的知识水平和编写能力，疏漏与不足之处在所难免，敬请同行与读者不吝赐教。

编　者

目　录

项目一

冷菜制作工艺

学习目标

➤ 了解中国冷盘的形成与发展,理解中国冷盘的性质和特点。

➤ 能够使用冷菜烹调技法和常见烹饪原料制作菜品。

➤ 通过学习和操作,体会中国烹饪文化的博大精深。

模块一　冷菜制作工艺概述

本模块是冷菜制作的基础内容,学生通过学习冷菜制作的基础知识,了解冷菜的地位与作用。

任务一　冷菜与冷盘

任务描述

本任务介绍冷菜与冷盘的概念。

任务分析

通过学习,使学生对冷菜、冷盘有初步的认识。

相关知识

随着我国烹饪技艺的突飞猛进,冷菜工艺技术在烹饪中的作用日益明显,人们对冷菜工艺技术水平的要求也越来越高。所谓冷菜工艺,就是冷盘或拼盘的制作,是中国饮食文化重要的组成部分,尤其是花色冷盘,目前成了餐饮行业追求的一种时尚。在冷菜与冷盘制作中,烹调师们尽可能施展自己的艺术才华,追求色、香、味、形、质的完美统一。

冷菜工艺是在烹饪原料学、烹饪工艺学、烹饪营养学、生物化学、食品微生物学等学科的基础上发展起来的一门实践性很强的学科,是烹饪学科中重要的专业课程之一。学生通过学习这门课程,能熟练掌握冷菜的操作方法,适应当前烹饪发展的需要。

一、冷菜

冷菜是指烹饪原料经过腌制、烹调、刀工处理后凉吃,或进行盐渍调味后凉吃的菜肴。冷菜具有口味甘香、脆嫩爽口的特点,是日常膳食和宴席不可缺少的菜品。在宴席中,凉菜具有突出宴席规格、烘托宴会气氛等作用。其制作技法包括两方面的内容,即制作和拼摆。

冷菜各地称谓不一,南方多称冷盆、冷盘或冷碟等,北方则多称凉菜、凉盘或冷荤等。比较起来,似乎南方习惯称冷;而北方则更习惯称凉。其实南北的称谓并没有什么区别,都是与热菜相对而言的。

但细究起来,"冷菜"这一称谓似乎更侧重于菜品的物理感观——温度(这也是冷菜与热菜最主要的区别之一),同时也突出了菜品制作和拼摆的工艺成分。冷菜统称为冷盘较为贴切,而冷盘材料经过切配加工、拼盘工艺装入盘中才是一道完整的冷盘菜品。

总的说来,冷盘这一称谓比冷菜的内涵更宽泛。从烹饪工艺角度而言,冷盘这一称谓似乎更贴切、更合理、更科学些。

二、冷盘

冷盘是将烹饪原料经过加工制成冷菜后,再切配拼摆以达到一定艺术效果,在常温下可直接食用的菜品。在冷菜的制作过程中,常采用两种基本方法,一是冷菜原料需要经过加热工序,再经过切配和调味,散热冷却后食用。这里的加热是工艺过程,而冷食则是目的,正所谓"热制冷吃"。冷盘中的绝大部分菜品都是采用这一方法制作而成的,如五香牛肉、盐水鸭、红油鱼片、油爆大虾、冻羊糕、椒麻鸡丝等,这是冷盘制作的主要方法。二是冷菜原料不需要经过加热这一工艺程序,而将原料经过初步加工整理后,加以切配和调味后直接食用,这是我们平常所称的"冷制冷吃"。这一方法主要用于一些鲜活的动物性烹饪原料,如腐乳炝虾、醉蟹、生炝鱼片等,以及一些新鲜的植物性原料,如拌黄瓜、姜汁莴苣、酸辣白菜等。

总之,冷菜工艺与冷盘工艺是两个既有区别又有联系的概念。前者主要研究冷菜的制作,后者主要研究冷菜的拼摆工艺。

任务二　冷盘发展概述

任务描述

本任务介绍冷菜工艺的形成与发展前景。

任务分析

通过学习,使学生了解冷盘在烹饪文化中的地位,并让学生认识到冷盘制作是一种融刀工、烹调、造型、色彩、选配、营养等为一体的一项特有的科学技术。相对面点、热菜等制作工艺而言,冷盘制作集各项烹饪技术优势于一身,又充分发挥各自特点,将各种烹饪技法重新组合,形成了一种新的制作工艺,将优秀的中国烹饪文化和制作工艺展现得淋漓尽致。

相关知识

中国饮食文化博大精深且源远流长,中国菜制作精细,讲究色、香、味、形,举世闻名。

封建社会中尤其是君王贵族的宴会,既隆重频繁又冗长烦琐。为适应这种长时间进行的饮食活动需要,在爆、炸、煎、炒等熟烹调工艺产生之前,古人无疑是以冷菜为主要菜品的。由于文字记载远远落后于实际生活,我们不太了解商代或更早时代的饮食活动,但现存的文字史料可以让我们比较清楚地了解到周代肴馔的基本面貌。

一、"周代八珍"

《周礼》便有天子常规饮食例以冷食为主的记载:"凡王之稍事,设荐脯。"(《周礼·天官·膳夫》)郑玄注:"稍事,为非日中大举时而间食,谓之稍事……稍事,有小事而饮酒。"贾公彦疏:"又脯者,是饮酒肴羞,非是食馔。"这表明早在西周时代人们便已清楚地认识到冷荤宜于宴饮的特点,并形成了一定的食规。

《礼记》一书的《内则》篇详细地记述了一些珍贵的养老肴馔,即"淳熬""淳母""炮豚""炮羊""捣珍""渍珍""熬珍"和"肝膋"等,这就是古今传闻著名的"周代八珍"。"周代八珍"既反映了周代上层社会美食的风貌,也反映了当时肴馔制作的水准。更重要的是,我们从这里似乎也可以找出一些冷盘的雏形。

"淳熬""淳母"是分别用稻米、粟米制作的米饭,上面都覆盖上一些肉酱。一般说来,在周代,无论是日常饮食,还是等级宴享,都要使用不同品类的酱。《周礼·天官·膳夫》有"凡王之馈食……酱用百有二十"的记载。酱是古代常用的菜肴和基本调味品,而且有许多种类。

"周代八珍"中的"炮豚""炮羊"是烧烤的乳猪、羊肉食品,热食溢香肥美,冷食亦别有风味。这种烧烤后又长时间(三日三夜)蒸制再"调之以"的乳猪和大块羊肉,适合长时间进行的宴饮,这也是当时"热制冷吃"的冷盘菜品,并且已具备了冷荤菜肴干香、鲜嫩、无汤、不腻的特点。

"捣珍"是选用牛、羊、鹿等动物性原料,先加工成熟,再经过去除筋膜、反复捶打("捣")等加工工序而制成的冷制菜品,食用时也可"调之以"。

由此可见,中国冷盘萌芽于周代,并经历了冷盘和热菜兼有的漫长历史。可以说,先秦时代,冷盘还没有完全从热菜系列中独立出来,尚未成为一种特定的菜品类型。

二、唐代的"烧尾宴"

唐宋时代,冷盘的雏形已经形成,并有了很大的发展。这一时期,冷盘也逐步从肴馔系列中独立出来,并成为酒宴上的特色佳肴。唐代的"烧尾宴"是中国历史最早记载的花色冷盘,《清异录》一书中有"烧尾宴"用五种肉类拼制成"五生盘"的记述。

三、北宋的"辋川小样"

北宋陶谷《清异录·馔馐门》中记述的"辋川小样",是女厨师梵正创作的大型风景造型冷菜拼盘。

《清异录》中记述得很详尽:"比丘尼梵正,庖制精巧,醢酱瓜蔬,黄赤杂色,斗成景物。若坐及二十人,则人装一景,合成辋川图小样。"《清异录》记载了技艺非凡的女厨师梵正,采用腌鱼、烧肉、肉丝、肉干、肉酱、豆酱、瓜类等富有特色的冷盘材料,设计并拼摆出了 20 个独立成景的小冷盘,创造性地将其组合成兼有山水、花草、庭园、馆舍的"辋川别墅式"的大型风景造型冷盘图案。梵正推动和发展了我国的冷盘工艺技术。这也充分反映了在唐、宋时期,冷盘工艺技术已达到了相当高的水平。

四、明清时期冷盘技艺日臻完善

明清时期,出现了很多冷菜制作方法,如糟法、醉法、酱法、卤法、拌法、腌法等,尤其刀工美化和果蔬雕刻十分精湛。

明清时期,冷盘技艺日臻完善,制作冷盘的材料及工艺方法也不断创新。这一时期,很多工艺方法已作为专门的冷盘工艺而独立出来,并且用于制作冷盘菜品的原料有了很大的扩展。植物类原料有茄子、生姜、冬瓜、茭白、蒜苗、绿豆芽、笋子等,动物类原料有猪肉、猪蹄、猪肚、猪腰、猪舌、羊肉、羊肚、牛肉、牛舌、鸡肉等,水产品原料有青鱼、螃蟹、虾、海蜇、乌贼、比目鱼、蚝等,这充分说明了在明清时期,我国的冷盘工艺技术已达到了非常高超的水平。

五、现代冷盘工艺精湛,品种繁多

随着人民生活水平的不断提高,我国冷盘技艺也在不断提高和发展,冷盘逐渐由热菜之中独立出来,从平面形式发展到立体形式,融食用性、艺术性和技术性为一体,成为一种独具特色的菜品系列,品种丰富繁多,工艺技术精湛细腻。近半个世纪以来,我国的冷盘工艺技术更是突飞猛进,烹饪工作者在挖掘、继承我国传统烹饪工艺技术的基础上推陈出新,使冷盘成为我国烹饪艺坛中的奇葩。

任务三　冷盘的地位和作用

任务描述

本任务介绍冷菜与冷盘的概念及冷盘的地位和作用。

任务分析

通过学习本任务,使学生了解冷盘的地位和作用及冷盘的性质和特点。

相关知识

一、冷盘的性质和特点

冷盘作为完全独立的一种菜品类型,具有以下性质和特点。

(一)易保存

冷盘是在常温下食用的一种菜品,因而其风味不像热菜那样易受温度的影响,能承受较低的冷却温度。冷盘在一定的时间范围内,能保持其风味特色。冷盘的这一性质与特点,恰恰符合了宴饮缓慢节奏的需要。

(二)易造型

冷盘比热菜更便于造型,更富有美化装饰效果,尤其利于刀工的表现。

（三）具有配系的多样统一性

冷盘一般是多样菜品同时上桌，与热菜相比更具有配系的多样统一性。一组冷盘是一个整体，相互配合显得更为紧密、集中。

（四）严格的卫生要求

冷盘材料经切配拼摆装盘后供客人直接食用，因此，冷盘比热菜更容易被污染，需要更为严格的卫生环境、设备和规范化操作。

二、冷盘的地位和作用

（一）冷盘的地位

无论是在正规的宴席中还是在家庭便宴中，冷盘是最先与客人"见面"的菜品，故有宴席"脸面"之称，因此冷盘也常被人们称为"迎宾菜"、宴席的"序曲"。所以，冷盘的质量、造型直接影响着赴宴者的情绪，关系到整个宴席的效果，起着"先声夺人"的作用。如果"迎宾菜"能让赴宴者在视觉、味觉和心理上都感到满足，获得美的享受，那么将会活跃宴会气氛，促进宾主之间的感情交流，为整个宴会奠定良好的基础。反之，低劣的冷盘，则会令赴宴者兴味索然，甚至使整个宴饮场面尴尬。

如果说冷盘在一般宴席中有"先声夺人"的作用，那么，冷盘在冷餐酒会中的地位和作用就显得更为重要了。宴席一般由很多种菜式共同组合而成，冷盘即使在某些方面小有失误，通过其他菜式（如热菜、点心、甜品或水果等）还能得到一定程度的弥补。但在冷餐酒会中，冷盘贯穿宴饮的始终，并一直处于"主角"地位，唱的是"独角戏"。如果冷盘在色彩、造型、拼摆、口味或质感上出现失误，那么其他食品都是无法"补台"的。冷盘在冷餐酒会中自始至终都在影响着赴宴者的情绪及整个宴会的气氛。由此可见，冷盘冷餐酒会中的地位和作用是非常重要的。

冷盘在促进旅游事业的发展，在繁荣经济、活跃市场、丰富人们的生活等方面也有不可估量的影响和作用。冷盘具有口味丰富、地方特色明显、方便携带等特点，所以，冷盘制成的旅游食品，深受广大旅游者的喜爱。再者，由于冷盘造型美观、色彩鲜艳，可以用来装饰饭店酒楼的橱窗，展示厨师技艺。

目前，无论是在宾馆、饭店、酒楼或是食品店、大排档的菜点销量中，冷盘都占有相当大的比重。随着冷盘制作工艺的不断发展和冷菜品种的增多，冷盘的地位和作用将会更加显著。

（二）冷盘的作用

1. 可增加食欲

冷盘通常是宴席上的第一道菜，其制作的好坏，是否赏心悦目、味美适口，直接影响到赴宴者对整个宴席的评价。特别是一些千姿百态的艺术冷盘,能让赴宴者在视觉和味觉上获得美的享受。好的冷盘能增加食欲,而且对活跃宴席气氛起到锦上添花的作用。

2. 可提前制作

冷盘不像热菜那样需要随炒随吃,可以提前准备,大量制作,能缓解工作人员时间不足、厨房设备不够的矛盾。

3. 可作橱窗陈列品

冷盘色彩美观、香味浓郁,用来装饰饭店酒楼的橱窗门面,可以起到展示厨师技艺、增加营业收入的作用。

4. 携带方便

冷盘具有方便携带的特色,因而深受广大旅游者的喜爱。随着我国旅游事业的蓬勃发展,可把传统的冷盘制作生产工艺同现代包装工艺结合起来,生产出既便于携带又不影响风味的包装食品,开拓国内及国际市场。

模块小结

本模块介绍了冷菜与冷盘的概念、冷盘的形成与发展及其在宴席中的作用。

能力测评

一、填空题

1. (　　　)是指烹饪原料经过腌制、烹调、刀工处理后凉吃,或进行盐渍调味后凉吃。

2. (　　　)是将烹饪原料经过加工制成冷菜后,再(　　　)的一门技术。

3. (　　　)一书中便有天子常规饮食例以冷食为主的记载。

4. 随着生活水平的不断提高,我国冷菜与拼摆已从平面形式发展到(　　　)形式。

二、单项选择题

1. 我国冷菜萌芽于(　　　)。

A. 周代　　　　　　B. 汉代　　　　　　C. 唐代　　　　　　D. 宋代

2. 用五种肉类制成"五生盘"是在唐代(　　　)食单中体现的。

A. "曲江宴"　　　B. "烧尾宴"　　　C.《养生录》　　　D.《清异录》

3. 宋代陶谷的(　　　)中描写女厨师梵正:"比丘尼梵正,庖制精巧,用莋胲脯,醢酱瓜蔬,黄赤杂色,斗成景物。若坐及二十人,则人装一景,合成辋川图小样。"

A.《清异录》　　　B.《本味篇》　　　C.《食经》　　　D.《随园食单》

三、多项选择题

1. 随着人们生活水平的不断提高,我国现在的冷菜与拼摆技术,融(　　　)为一体。

A. 食用性　　　　　B. 艺术性　　　　　C. 技术性

D. 经济性　　　　　E. 地域性

2. 冷菜制作的作用是(　　　)。

A. 可引诱食欲　　　B. 可提前制作　　　C. 携带方便

D. 可作橱窗陈列品　　　　　　　　　E. 物美价廉

3. 冷盘的性质和特点是(　　　)。

A. 冷盘易保存　　　　　　　　　B. 冷盘易造型

C. 冷盘具有配系的多样统一性　　　D. 严格的卫生要求

E. 冷盘具有应用性和文化性

四、判断题

1. 冷菜是指烹饪原料凉吃,都叫冷菜。　　　　　　　　　　　(　　　)

2. 中国冷盘的形成与发展起源于唐朝。　　　　　　　　　　　(　　　)

3. 唐代时期的"烧尾宴"中的"五生盘"是最早的花色冷菜。　　(　　　)

五、简答题

1. 冷菜工艺与冷盘工艺有何区别?

2. 冷盘具有什么样的地位和作用?

3. 简述中国冷盘的形成与发展历史。

4. 简述冷盘的性质和特点。

模块二　冷菜的烹制方法

　　本模块是冷菜制作的重点内容,通过学习,学生可了解烹调方法的概念和特点;掌握烹调有关的菜例的用料、制法、特点和操作方法。

任务一　冷菜制作的基本要求

　　冷菜、冷拼的制作就是将加工整理的原料经过烹调或腌渍制成冷菜,有的还要再经过刀工处理,按一定的规格要求,整齐美观地装入盛器。这不但要求厨师有精湛的冷菜烹调技术,还需要有熟练的刀工技术和装盘技巧;既要有一定的艺术素养,又要考虑冷菜、冷拼制作过程中的科学性,还要根据就餐人数、价格标准、饮食

习惯等因素来设计冷菜,使冷菜、冷拼在色、香、味、形、器等几方面日趋完美。冷菜制作的基本要求如下:

一、选料要严格

冷菜的选料十分严格,凡是腐烂变质的原料绝对不能制作冷菜。有的冷菜需要质地脆嫩的原料,如开洋芹菜,应选用脆嫩的芹菜作原料;有的冷菜需要肉质细嫩的原料,如盐水鸭,应选用鲜嫩仔鸭作原料。在装盘过程中,也应根据冷菜的造型和图案的要求,认真地选择原料,做到大料大用、小料小用、碎料充分利用,哪些原料可用来垫底,哪些原料可用来盖边或盖面等,都要心中有数。

二、烹调要精细

烹调质量的好坏直接关系到冷菜的口味、色泽,所以在制作冷菜时应精细、认真。例如,有些冷菜需要经过腌渍后再烹调,这就要求在调味时咸味不能太重;有的冷菜需要保持鲜嫩,就要正确掌握火候及加热的时间;有的冷菜色泽鲜艳,有色调味品不宜放得过多,加热时火力不宜太大,防止焦煳。只有精细操作,才能烹制出色、香、味、形俱佳的冷菜。

三、色泽要和谐

冷菜的色泽好坏,不仅影响外观,而且关系到能否刺激人们的食欲。所以在制作冷菜时,要从色泽的角度来进行烹调、装盘,这要求我们既要熟悉各类烹饪原料的本色,又要了解原料加热后的变化,还要懂得借助调味品颜色来改变原料的色彩。此外,还应掌握各种冷菜拼装或组合在一起的色相对比、明暗对比、冷暖对比、补色对比等,使整个冷菜拼装色彩鲜艳、浓淡相宜、和谐悦目,给人以舒适愉快的感觉。

四、刀工要整齐

冷菜装盘是否美观,体现了厨师刀工技术水平,所以应根据冷菜的不同性质、不同造型,正确运用不同的刀法,不论是切丝、条还是切片、块,都应注意长短、厚薄,要粗细一致,干净利落,切忌有连刀现象。拼制艺术冷盘应根据构思的图案、所用的原料、盛器的大小来决定所用的刀法。凡经刀工处理的原料不但要符合造型的需要,还要考虑方便食用。

五、拼摆要合理

冷菜的拼摆不仅要讲究刀工、色彩、口味、形状等,还要注重食用价值,切忌单纯追求形式的美,用一些无味的雕刻制品或生料如竹签、树叶、金属来装饰冷盘,给人一种中看不中吃、不卫生的感觉;同时也要避免单纯考虑食用价值而忽视冷菜拼摆的艺术美感。拼装的冷盘要色泽和谐、形态美观,形象逼真、富有变化,口味搭配合理,符合营养卫生要求,还应根据宾客的宗教信仰、忌讳爱好、宴席主题、季节变化等因素做适当的调整。

六、盛器要选择

冷菜拼装前要先选择好盛器。俗话说"美食配美器"。盛器的选择应充分考虑冷拼的类别、式样、色泽、形态大小和数量,做到盛器的形状与菜肴的形态相配合,盛器的大小与菜肴的分量相适应,盛器的色泽与菜肴的色泽相协调。讲究造型的拼盘盛器要大一些,色泽要浅一些,使其图案更清晰悦目,切忌将原料装在盛器外沿,影响效果和卫生。冷菜装入盛器中不可过多或过少,装得太多太满显得臃肿,过少显得单薄。目前流行用白色盛器盛装冷菜,显得淡雅、素朴。

七、点缀要适当

在冷拼制作中,为了更好地突出主体,弥补不足,往往在拼装工序完成后在盘边上用一些可食的水果、瓜类作必要的点缀,起到画龙点睛的作用。但点缀要适当,不要用一些不能食用的、影响卫生的原料点缀。点缀的原料不能太多、太滥,否则会喧宾夺主、冲淡主题。点缀还要注意方法,一般色彩鲜艳的冷盘,可用对比强烈的原料来点缀,宜放在盘边为好;如刀面不够整齐、好看,其点缀品可放在上面,以弥补不足。同时要注意点缀品的大小和色彩,应同冷盘的式样相协调;宴席冷盘的点缀要有整体观念,不能一盘放得太多,另一盘放得太少,影响美观。

任务二　冷菜烹制方法——拌

任务描述

通过学习冷菜烹调方法"拌"和制作拌制菜肴的工艺流程,明确拌制菜肴制作的关键和质量要求。

任务分析

通过学习,使学生掌握拌制菜肴制作的技巧,独立完成拌制菜肴的制作。

相关知识

"拌"是把生的原料或晾凉的熟料,切制成小型的丝、丁、片、条等形状后,加入各种调味品,直接调拌成菜的一种烹调方法。拌制类冷菜具有用料广泛、品种丰富、制作精细、味型多样和成品鲜嫩香脆、清爽利口的特点。拌制冷菜大多现吃现拌,也有的先用盐或糖调味,拌时沥干汁水,再调拌成菜。

一、适用范围

拌菜一般具有鲜嫩、凉爽、入味、清淡的特点。其用料广泛,荤、素均可,生、熟皆宜。如生料,多用鲜牛肉、鲜鱼肉、各种蔬菜、瓜果等;熟料多用烧鸡、肘花、烧鸭、熟白鸡、五香肉等。拌菜常用的调味料有精盐、酱油、味精、白糖、芝麻酱、辣酱、芥末、醋、五香粉、葱、姜、蒜、香菜等。

二、操作顺序

精选原料→切配→调拌→装盘。

三、拌制凉菜的特点

取料广,操作方便,原料鲜嫩,口味清爽,有大酸大辣、咸酸、甜酸之分,能更多地保存主、辅料营养素。拌制凉菜是配酒的佳肴。

四、拌的分类

拌的方法有生拌、熟拌、生熟拌、勺拌、温拌、清拌等几种。下面介绍前三种方法。

（一）生拌

生拌是将可食的生料经刀工处理后,直接加入调味汁拌制成为菜品的做法。生拌的原料多用新鲜脆嫩、含水量较高的植物性原料或其他可生食的原料。原料必须先洗净、消毒,然后切成丝、片、条、块等,再加调味品拌制。如黄瓜、西红柿、萝卜、白菜等。某些异味偏重或不能直接生食的原料,需用精盐腌制一段时间,利用其渗透作用排出异味。腌制时,要掌握精盐与原料的比例,咸淡适当,腌制的时间以刚透为度,要注意保持生料的清香嫩脆、本味鲜美的特点。腌制后,沥干水分才能使用,如莴笋、苤蓝等。

（二）熟拌

熟拌是选择烹熟的原料,切成细丝或薄片,加精盐、味精、辣椒油等调料拌均匀装盘,故称为熟拌。

熟拌的原料在拌制前均要进行热处理。热处理后的原料质量,对凉拌菜肴的风味特色有直接影响。熟拌前热处理方法一般有以下几种。

1. 炸制

炸制是拌制前较普遍的热处理方法。炸制凉拌的菜品具有滋润酥脆、醇香浓厚的特点,适用于家畜、家禽、豆制品和根茎类蔬菜等原料。炸制前多切为丝、条、片、块、段等刀口形状,动物性原料改刀后通常先要调制基础味,并控制调制基础味的咸淡和色泽的深浅。炸制的火力、油温、时间和次数,要根据原料的质地和菜肴的质感决定。

2. 煮制

煮制是拌制前最普遍、最常用的热处理方法之一。煮制凉拌的菜肴具有细嫩滋润、鲜香醇厚的特点,适用于禽畜肉品及其内脏和笋类、鲜豆类等原料。一般热处理晾凉后改刀为丝、条、片、丁、块、段或自然形态等。

3. 水焯

水焯是拌制前最常用的热处理方法之一。水焯凉拌的菜肴具有色泽鲜艳、细嫩爽滑、清香味鲜的特点,适用于蔬菜类原料。水焯成熟程度可分为断生和熟透两个层次。捞出原料要迅速冷凉、调制基础味、油拌,使之降温保色。

4. 氽制

氽制是拌制前富有质感特色的热处理方法,氽制凉拌菜肴具有色泽鲜明、嫩脆或柔嫩的质感,氽制后应及时拌制。

5. 烧烤

烧烤是将原料带壳或包裹后放入暗火内烧熟或放入烤箱内烤熟,再撕成小条或片状与调味品拌匀成菜的方法,是拌制前颇有特色的热处理方法。烧烤凉拌的菜肴具有质感嫩脆、柔软或本味醇厚的特点,适用于带皮的茎、果类蔬菜,如拌鸡丝冬笋、肉丝菠菜。

(三) 生熟拌

生熟混拌是将生、熟主料和辅料分别改刀(改刀,刀工处理的业内俗称),按不同比例混合加入调味品制成菜品的一种方法。生熟原料混拌,其生熟料搭配要有一定的比例,熟料必须晾凉,以保证菜肴的质地、色泽和成菜的形态。

五、拌的操作要领

(一) 选料要精细,刀工要美观

尽量选用质地优良、新鲜细嫩的原料。拌菜的原料切制要求都是细、小、薄的,这样可以扩大原料与调味品接触的面积。因此,刀工的长短、薄厚、粗细、大小要一致,有的原料剞上花刀,这样既能入味,又显得美观,富有艺术性。

（二）要注意调色，以料助香

拌凉菜要避免原料和菜色单一，缺乏香气。例如，在黄瓜丝拌海蜇中，加点海米，使绿、黄、红三色相间，提色增香；还应慎用深色调味品，因成品颜色大多强调清爽淡雅。拌菜香味要足，一般总离不开香油、芝麻酱、香菜、葱油之类的调料。

（三）调味要合理

各种冷拌菜使用的调料和口味要求有其特色，如糖拌西红柿，口味酸甜，只宜用糖调味，而不宜加盐和醋；另外，调味要轻，以清淡为本，下料后要注意调拌均匀，调好之后，又不能有剩余的调味料积沉于盛器的底部。

（四）掌握好火候

有些凉拌蔬菜须用开水焯熟，应注意掌握好火候，原料的成熟度要恰到好处，要保持脆嫩的质地和碧绿青翠的色泽；老韧的原料，则应煮熟烂之后再拌。

（五）注意卫生

洗涤要净，切制时生熟分开，还可以用醋、酒、蒜等调料杀菌，以保证食用安全。

实训一　山东拌海蜇

【原料配方】

主料：海蜇皮 250 克。

配料：香菜 25 克，葱 15 克，蒜 10 克。

调料：盐 2 克，味精 0.5 克，糖 3 克，香油 5 克，醋 10 克。

【制作工序】

（1）海蜇皮洗净，切丝，用 70℃～80℃的热水烫一下，然后用凉水浸泡。

（2）香菜洗净切段，葱切丝，蒜切末。

（3）主配料加盐、味精、糖、香油、醋拌均匀，装盘（见图 1-1）。

图 1-1　山东拌海蜇

【菜肴特点】

色彩艳丽，口味独特，口感爽脆。

【学习重点难点】

海蜇皮要洗净，防止有沙粒影响成品口感。

实训二　红油肚丝

【原料配方】

主料:鲜猪肚 750 克。

配料:香菜 25 克,葱 15 克。

调料:盐 2 克,味精 0.5 克,料酒 50 克,糖 5 克,酱油 10 克,红油 10 克。

【制作工序】

(1)鲜猪肚洗净去油,加料酒旺火煮熟,过凉,切细丝。

(2)香菜洗净切段,葱切丝。

(3)加香菜、葱、盐、味精、糖、酱油、红油拌均匀。

(4)装盘点缀(见图 1-2)。

【菜肴特点】

色金红,口味香辣,口感软嫩。

【学习重点难点】

煮制时要注意火候,防止猪肚变老,影响口感。

图 1-2　红油肚丝

实训三　凉拌杏仁

【原料配方】

主料:杏仁 150 克,芹菜 50 克,胡萝卜 25 克,黄瓜 25 克。

调料:香油 10 克,糖 5 克,盐 2 克,鸡精 3 克。

【制作工序】

(1)胡萝卜、芹菜、黄瓜切丁,杏仁下锅煮熟,捞出备用。

(2)锅中烧开水,将芹菜、胡萝卜下锅焯水,捞出,和黄瓜、杏仁一起装到大碗内。

(3)用盐、糖、鸡精、香油调成味汁,倒入碗内拌匀即可。

【菜肴特点】

口味咸鲜,口感爽脆。

【学习重点难点】

杏仁要选择甜杏仁,否则不但口感不好,还容易引起食物中毒。

任务三　冷菜烹制方法——炝

任务描述

通过学习冷菜烹调方法"炝"和制作炝制菜肴的工艺流程,明确炝制菜肴制作的关键和质量要求。

任务分析

通过学习,学生能够掌握炝制菜肴制作的技巧,独立完成炝制菜肴的制作。

相关知识

一、炝的概念与特点

炝就是把加工成丝、条、片、块等形状的小型原料,用滑油为主要方法(也可以焯水)沥干油(水分),趁热或晾凉后加入以精盐、味精、花椒油为主的调味品,使其炝入菜肴的烹饪方法,具有色泽美观、适应面广、刀工讲究、质地嫩脆、醇香入味的特点。

炝适用于鲜活动物性原料或应时植物性原料。炝制时常以花椒油、精盐、蒜泥、姜末、香醋等作为调料,也可以用咖喱、芥末、胡椒粉、辣椒等作为调料。

(一)炝与拌的区别

炝多用以花椒油为主要调味品,以上浆、滑油的方法为主;拌则多以焯水、煮、烫的方法为主。在选料上,炝一般多用于动物性原料,且以熟料为主;拌多用于植物性原料,生料占相当比例。

（二）炝的特点及适用范围

炝菜的特点是清爽脆嫩、鲜醇入味。炝菜所用原料多是各种海鲜及蔬菜，还有鲜嫩的猪肉、鸡肉等。

二、炝的种类

炝法有焯炝、滑炝、焯滑炝三种。

（一）焯炝

焯炝也叫"水炝"，是指原料经刀工处理后，用沸水焯烫至断生，然后捞出控净水分，趁热加入花椒油、精盐、味精等调味品调制成菜，晾凉后上桌食用。对于纤维较多和易变色的蔬菜原料，用沸水焯烫后，需放入凉开水中过凉，以免原料质老发柴，同时也可保持较好的色泽，以免变黄，如"海米炝芹菜"。焯炝的冷菜应以质地脆嫩、含水量低的动植物原料为主，焯水时间要短，水要沸腾，焯时以断生即可，切忌焯水时间过长。

（二）滑炝

滑炝也叫"油炝"，是指原料经刀工处理后，需上浆过油滑透，然后倒入漏勺控净油分，再加入调味品成菜的方法。滑油时要注意掌握好火候和油温（一般为3～4成热），以断生为好，这样才能体现其鲜嫩醇香的特色，如"滑炝虾仁"。滑炝的冷菜适用于质地脆嫩的动物性原料，滑油后要放入凉开水中过凉，严格控制火候和时间。

（三）焯滑炝

焯滑炝是将经焯水和滑油的两种或两种以上的原料，混合在一起调制的方法，具有原料多、质感各异、荤素搭配、色彩丰富的特点，如"炝虾仁豌豆"。操作时要分头进行，原料成熟后，再合在一起调制，口味要清淡，以突出各自原料的本味。

三、炝的操作要领

（1）选择新鲜、脆嫩、符合卫生标准的原料。

（2）不论何种炝，都应掌握火候，做到断生即可，不烂不生，恰到好处，尽量保持原料的脆嫩鲜美。

（3）生炝所用的调味品，以白酒、醋、蒜末、姜末等具有杀菌消毒功能的调味品为主。

（4）原料加工时，丝、条、片、丁、块应大小一致或厚薄均匀，便于成熟和调味。

实训一　炝莴苣丝

【原料配方】

主料:莴苣 300 克。

调料:蒜 5 克,干红辣椒 15 克,麻油 5 克,盐 2 克,糖 5 克,鸡精 2 克,生抽 5 克,白醋 3 克,胡椒粉 2 克。

【制作工序】

(1)莴苣削去老皮,切成细丝,蒜拍碎切末,干红辣椒切小段。

(2)莴苣丝加入一匙盐,拌匀腌 20 分钟,用手挤去腌出的水分待用。

(3)将挤干水分的莴苣丝和蒜末、干红辣椒段一起放在盘中,蒜末、干红辣椒铺在莴苣丝上。

(4)加入盐、糖、少许鸡精、两匙生抽、两匙白醋和少许胡椒粉,炒锅加入三匙麻油烧热,再均匀地浇在莴苣丝上,再将全部材料拌匀即可食用。

【菜肴特点】

第二次加盐时,可根据个人口味决定。

【学习重点难点】

(1)莴苣丝的粗细要均匀。

(2)腌制完毕要挤干水分。

实训二　炝西蓝花

【原料配方】

主料:西蓝花 400 克。

调料:姜 15 克,蒜泥 10 克,精盐 4 克,味精 3 克,花椒 4 克,色拉油 30 克。

【制作工序】

(1)将西蓝花用手掰成小块,再用沸水略烫一下投入凉开水中,然后沥干水分后备用。

(2)姜切丝,锅内倒入色拉油烧热后放入花椒制成花椒油。

(3)将焯水后的西蓝花加入蒜泥、精盐、味精拌和均匀,最后加入热花椒油即成。

【菜肴特点】

色泽碧绿,味美鲜嫩,质脆爽口。

【学习重点难点】

（1）焯水时间不宜过长。

（2）焯水后应及时过凉开水，防止变色。

实训三　开洋炝芹菜

【原料配方】

主料：芹菜 400 克，开洋 25 克。

调料：精盐 2 克，味精 1 克，花椒油 20 克。

【制作工序】

（1）将芹菜去掉根叶，洗净切段。

（2）开洋涨发并洗净，沥干水分后放在热花椒油内略炸片刻。

（3）将芹菜放入沸水锅内烫至七成熟，捞出用凉开水浸凉，沥干水分，再将开洋、热花椒油倒入，加精盐和味精拌和均匀即成。

【菜肴特点】

色泽碧绿，开洋干香，清鲜爽口。

【学习重点难点】

（1）芹菜焯水时间不宜过长。

（2）炸开洋时注意油温。

任务四　冷菜烹制方法——腌

任务描述

通过学习冷菜烹调方法"腌"和制作腌制菜肴的工艺流程，掌握腌制菜肴制作的关键和质量要求。

任务分析

通过学习，学生能够掌握腌制菜肴制作的技巧，独立完成腌制菜肴的制作。

相关知识

一、腌的概念与特点

腌就是以精盐、酒、糟卤等为主的调味料把原料拌和、擦抹或浸渍，静置一段时间后,使原料入味的一种制作方法,具有质地脆嫩、香味浓郁、风味独特的特点。

二、腌的种类

腌制方法较多,根据所用调味品的不同,可分为盐腌、糖腌两大类。

(一)盐腌

盐腌就是以精盐为主要调味品,将烹饪原料拌和、浸渍,以除去原料的水分和异味,使原料入味的方法,通常是配合其他烹调方法的前一道加工工序。

(二)糖腌

糖腌是将烹饪原料加入少许精盐,腌渍一段时间后,挤出水分后再加入白糖及其他调味品再腌渍,使原料入味即可食用的制作方法。

三、腌的操作要领

(1)腌制时间的长短,应根据季节、气候以及原料的质地、大小而定。含水分少的烹饪原料加水腌(又称水腌法),这样便于入味,且色泽均匀。含水分多的烹饪原料可以直接用盐擦抹。肉类原料在腌制前可用清水漂洗一下,以除去部分腥味。一些蔬菜腌品要挤去水分以后再制作。

(2)糖腌原料一般选用脆嫩可生食的应时水果和蔬菜,糖腌卤汁的酸甜度要把握准,浓度适中。

实训一 蓑衣黄瓜

【原料配方】

主料:黄瓜 500 克。

调料:盐 15 克,味精 0.5 克,白糖 100 克,白醋 75 克,红油 10 克,葱姜各 15 克,红辣椒丝 5 克。

【制作工序】

(1)黄瓜剞蓑衣花刀,加盐腌制。

(2)炒勺上火加盐、味精、葱姜制成泡汤。

(3)锅加水,放糖,熬至黏稠,凉后加白醋,制成味汁。

(4)腌制好的黄瓜拉油,凉后放入泡汤中泡制。

(5)改刀装盘,撒上红辣椒丝、葱姜丝,浇上味汁(见图 1-3)。

【菜肴特点】

色碧绿,口味甜酸辣,口感爽脆。

图 1-3　蓑衣黄瓜

【学习重点难点】

调制泡汤时味道要浓,防止腌渍口味过淡。

实训二　糖醋樱桃萝卜

【原料配方】

主料:樱桃萝卜 500 克。

调料:盐 15 克,味精 0.5 克,白糖 100 克,白醋 75 克,姜片 15 克。

【制作工序】

(1)樱桃剞蓑衣花刀,加盐腌制 1 小时。

(2)炒勺上火加盐、味精、葱姜制成泡汤。

(3)锅加水,放糖,熬至黏稠,凉后加白醋、盐、味精、姜片,制成味汁。

(4)腌制好的樱桃萝卜挤干水分,放入泡汤中泡制。

(5)食用时码入盘中(见图 1-4)。

图 1-4　糖醋樱桃萝卜

【菜肴特点】

酸甜适口,萝卜脆嫩,色泽鲜艳。

【学习重点难点】

调制泡汤时味道要浓,防止腌渍口味过淡。

实训三　酸辣白菜

【原料配方】

主料:白菜1200克。

调料:盐15克,味精0.5克,香醋25克,白糖75克,姜丝15克,干红辣椒丝25克,香油25克。

【制作工序】

(1)将白菜初步加工洗净沥干水分,切成4厘米长、1厘米宽长条,整齐地放入盛器中。

(2)放入精盐,腌制3小时,取出将盐分挤干,再整齐地放入盛器中。

(3)倒入适量水、糖、香醋烧沸,待凉透后,把汁倒在白菜上,再用盖子盖上,腌3~4小时。

(4)炒锅上火,倒入芝麻油烧热,白菜上面撒上姜丝、辣椒丝,淋入热油即可。

【菜肴特点】

白菜脆嫩,酸辣香甜,爽口开胃。

【学习重点难点】

调制泡汤时味道要浓,防止腌渍口味过淡。

任务五　冷菜烹制方法——糟

任务描述

通过学习冷菜烹调方法"糟"和制作糟制菜肴的工艺流程,掌握糟制菜肴制作的关键和质量要求。

任务分析

通过学习,学生能够掌握糟制菜肴制作的技巧,独立完成糟制菜肴的制作。

相关知识

一、糟的概念与特点

糟是将处理过的生料或熟料,用糟卤等调味品浸渍,使其成熟并增加糟香味的一种烹制方法。糟多用于动物性原料和蛋类原料,也可用于豆制品和少数蔬菜。糟制成品具有糟香浓郁、口味清爽、色泽纯净的特点。冷菜的糟制方法和热菜的糟制方法的区别是:热菜的糟制一般选用生的原料,经过糟制后需经蒸、煮等方法烹制,趁热食用;而冷菜的糟制是将原料烹制成熟后再糟制,食前不必再加热处理。

二、糟的种类与操作要点

按原料的生熟不同,糟主要分生糟、熟糟两类;根据所用糟制调料品不同,分为红糟、香糟和糟油三种。下面着重介绍生糟和熟糟。

(一)生糟

原料未经热处理直接糟制,经过数小时乃至数天、数月入味后,再加热制成菜品的烹制方法即为生糟。生糟大都适用于蛋类、鱼虾蟹类,糟制后多采用蒸制。

(二)熟糟

将原料热处理后糟制,经浸腌入味再改刀装盘成为菜品,多适用于禽、畜类的原料。

三、糟卤的配方

各地糟卤的配方不同,各显特色。江南一带一般采用白色的醪糟(即酒酿,又称白糟)与绍兴酒、食盐、白糖、葱、姜等制作糟卤。而福建一带则用红糟居多,它以福建古田红曲与上等糯米酿制,以贮存隔年的最佳,其色泽鲜红,具有浓郁的酒香味,含有多种维生素,具有防腐、增色、去腥、生味、调色的功能。

香糟常常作为烹调时的提鲜调味品,因香糟含有少量的酒精成分,可运用于熘、爆、烩、炒、焐、烧、蒸等多种技法。糟以烹制动物性原料为多,用于植物原料很少。红糟还可以起到增色或变化菜肴色泽的作用。香糟汁对生料或熟料均可使用。香糟的菜肴香味浓郁,带有一种诱人的酒香,气味醇厚。

实训一 糟 鸡

【原料配方】

净鸡 1 千克,香糟 100 克,盐 50 克。

【制作工序】

(1)净鸡去爪、头,取出内脏,洗净。

(2)把鸡下入锅中上火煮熟,捞出备用。

(3)用适量开水把盐溶化,倒在容器里晾凉,再把糟卤料装在纱布袋里,扎紧袋口后放入盐水里泡制成盐糟水。

(4)将熟鸡脱骨,泡在盐糟水里,泡约 1 小时后,捞出控去水分,切成长方块形装盘即可(见图 1－5)。

【菜肴特点】

鸡肉软嫩,糟香浓郁,色泽洁白。

【学习重点难点】

(1)鸡肉煮至断生即可。

(2)泡制时尽量低温冷藏。

图 1－5 糟 鸡

实训二 糟毛豆

【原料配方】

主料:毛豆 400 克。

调料:盐 15 克,味精 2 克,白糖 5 克,糟酒 150 克。

【制作工序】

(1)毛豆剪去两头,用水煮熟。

(2)糟酒加调料调成糟卤汤。

(3)将毛豆放入糟卤汤中泡制。

(4)装盘点缀(见图1-6)。

【菜肴特点】

色彩翠绿,口味咸鲜,糟味浓郁,口感爽脆。

【学习重点难点】

1.卤汁的调制

清水1500克,加入糟油100克,味精150克,精盐100克,白糖50克,葱姜50克,花雕酒1000克,茴香5克,桂皮5克,香叶5克,甘草5克,陈皮5克,丁香1克,烧开,冷却,滤清即可。

2.煮毛豆保持颜色翠绿的窍门

毛豆的表皮变色是因为叶绿素被氧化了,变成了带有褐色的成分。所以,可以采取西餐中焯蔬菜的方法,保持毛豆颜色翠绿。

(1)煮制时间不宜过长,5~10分钟即可,而且要开着锅盖煮。

(2)煮的时候,水里要放点盐和几滴食用油。

(3)煮好后,马上放入冰水里。

图1-6 糟毛豆

实训三 香糟凤爪

【原料配方】

主料:鸡爪500克。

调料:盐15克,味精2克,白糖5克,糟酒150克,葱姜各10克,花椒5克。

【制作工序】

(1)将鸡爪洗涤干净,放入沸水锅内焯水,捞出洗净。

(2)再把鸡爪、葱、姜、花椒、黄酒放入清水烧沸,转至小火煮15分钟约八成熟,捞出冷透,沥干水分。

(3)将鸡爪放入盛器内,加入香糟汁、原汤300克、味精调和均匀,用保鲜膜封好,浸泡12~14小时即可食用。

【菜肴特点】

糟卤鲜美,肉质脆嫩。

【学习重点难点】

鸡爪不宜煮制时间过长,防止脱骨。

任务六　冷菜烹制方法——醉

任务描述

通过学习冷菜烹调方法"醉"和制作醉制菜肴的工艺流程,掌握糟制菜肴制作的关键和质量要求。

任务分析

通过学习,学生能够掌握醉制菜肴制作的技巧,独立完成醉制菜肴的制作。

相关知识

一、醉的概念与特点

醉是以优质白酒为主要调料,把原料浸渍制成菜品直接食用的一种烹制方法。醉制冷菜具有酒香浓郁、鲜爽适口的特点,大都保持原料本色本味。

二、醉的种类和操作要点

醉的种类,根据原料生熟不同,分生醉、熟醉;根据调料的色泽不同,又分红醉、白醉。

(一)生醉操作要点

制作醉制菜肴,一般是用鲜活的水产原料,如虾、蟹等。先将鲜活水产品放入流动的清水内,让其吐水,排空杂质,再滴干水分放入坛中盖严,然后将精盐、白酒、绍酒、花椒、冰糖、陈皮等调味品制好的卤汁倒入坛内浸泡,令其吸足卤汁,待这些原料醉透并散发出特有的香气后直接食用。生醉通常为 3~7 天。

（二）熟醉操作要点

原料加工成丝、片、条、块或用整料，经热处理后醉制，一般有三种方式：一是先焯水后醉，二是先蒸后醉，三是先煮后醉。

（三）醉的操作要领

（1）用于生醉的烹饪原料必须新鲜，无污染，符合卫生要求，须用清水漂洗原料。

（2）醉的时间的长短应根据原料的质地而定。

（3）不管是生醉还是熟醉，所用的容器都要严格消毒，注意清洁卫生。

实训一　醉　蟹

【原料配方】

活螃蟹 1800 克，酱油 10 克，黄酒 200 克，曲酒 120 克，冰糖 100 克，花椒 5 克，葱段 60 克，姜块 80 克，丁香每蟹一粒。

【制作工序】

（1）将活螃蟹洗净后放在篓子里压紧，使螃蟹不能活动，放在通风阴凉处 3~4 小时，让它吐尽水分。

（2）将锅洗净放入酱油、花椒、葱段、姜块、冰糖，煮到冰糖溶化后倒入盆内冷却，制成卤汁。

（3）取一个大口坛洗净擦干，将螃蟹脐盖掀起，放入丁香一粒，再将螃蟹放入坛中，上用竹片压紧，使螃蟹不能活动，将黄酒、曲酒倒入冷透的卤汁中搅匀再倒入坛中，卤汁要淹没螃蟹。为防止变质，须把坛口密封，醉制三天后即可食用。

【菜肴特点】

酒香醇厚，蟹肉鲜嫩。

【学习重点难点】

酒的用量不能过少，卤汁要适量。

实训二　醉　鸡

【原料配方】

三黄鸡一只（1000 克），精盐 10 克，味精 2 克，曲酒 15 克，黄酒 10 克，葱段 15 克，姜块 10 克，花椒 10 粒。

【制作工序】

（1）将三黄鸡初步加工处理后，放入清水锅内，加入黄酒、姜块、葱段烧沸，用中小火煮至鸡肉断血。

（2）将煮鸡原汤烧沸，倒入容器内加精盐、味精、花椒、白酒调匀凉透，放入净鸡肉腌约1~6小时至鸡肉入味。

（3）食用时将入味的鸡肉捞取斩成条，装入盘内浇上原汁即成。

【菜肴特点】

鲜美清淡，鸡肉细嫩，酒香浓郁。

【学习重点难点】

煮鸡肉时要注意水温不宜过高。

实训三   酒醉春笋

【原料配方】

春笋600克，曲酒30克，精盐6克，味精7克，白糖20克，鸡汤60克。

【制作工序】

（1）用沸水将春笋焯水，捞出放入凉开水中，切成滚刀块备用。

（2）把春笋放入容器内，加入鸡汤、精盐、白糖、味精，上火蒸25分钟，凉透放入曲酒，用保鲜膜封住容器口，浸泡4小时即可食用。

【菜肴特点】

色泽洁白，笋肉鲜嫩、脆香。

【学习重点难点】

（1）要选用曲酒或浓香型白酒。

（2）要凉透后放入曲酒或白酒。

图1-7   酒醉春笋

任务七　冷菜烹制方法——卤

任务描述

通过学习冷菜烹调方法"卤"和制作卤制菜肴的工艺流程,掌握卤制菜肴制作的关键和质量要求。

任务分析

通过学习,学生能够掌握卤制菜肴制作的技巧,独立完成卤制菜肴的制作。

相关知识

一、卤的概念与特点

卤是将经加工后的原料放进卤水中加热,使其吸收卤味至熟而成菜的一种烹调方法。

卤汤(最好是老卤汤)放入锅中用大火烧开,改用小火加热,使调味汁渗入原料,原料成熟或酥烂时离火,将卤制品提离汤锅。卤制完毕的卤制品,冷却后宜在其外表涂上一层油,一是可增香,二是可防止原料外表因风干而收缩变色。遇到材料质地稍老的卤制品,也可在汤锅离火后仍旧浸在汤中,随用随取,既可以保持酥烂程度,又可以进一步入味。卤制菜品具有味鲜醇厚、香气浓郁、油润红亮的特点。

二、卤的种类

卤按调味品的不同,可分为红卤和白卤两种。红卤的主要调味品有酱油、红曲米、糖色、精盐、白糖、黄酒及各种香料。白卤不用有色调味品,一般也不放白糖,卤制的方法与红卤相似。另外,红曲米在使用中注意不能放太多,否则会使冷菜口味略带苦酸味,并且颜色太重而发暗。另外,使用红曲米时要添加适量的食糖,可以调酸味和减轻苦味,使菜品的味道和谐。

三、卤制的操作程序

按卤菜的成菜要求,卤制的操作程序是:调制卤汤→投放原料→旺火烧开改小火→成熟后捞出冷却。

(1)首先是调制卤汤。卤制菜的色、香、味完全取决于卤汤。行业习惯将卤汤分为两类,即红卤和白卤(又称清卤)。由于地域的差别,各地调制卤汤的用料不尽相同。制作红卤汤常用的调味品有红酱油、红曲米、黄酒、葱、姜、冰糖(白糖)、盐、味精、大茴香、小茴香、桂皮、草果、花椒、丁香等;制作白卤汤常用的调味品有盐、味精、葱、姜、料酒、桂皮、大茴香、花椒等,俗称"盐卤水"。无论红卤还是白卤,尽管调制卤汤的调味品不同,但有一点是共同的,即在投入原料前,应先将卤汤熬制一段时间,然后再下原料。

(2)原料放入卤汤前,应先除去腥臊异味及杂质。动物性原料一般都带有血腥味,因此卤制前,通常要焯水或油炸,一来可去除原料的异味,二来油炸还可使原料上色。

(3)把握好卤制品的成熟度。卤制品的成熟度要恰到好处。卤制菜品时通常是大批量进行,一锅(桶)卤汤往往要同时卤制几种原料,或几个同种原料。不同的原料的料性差异很大,即使是同种原料,也存在个体差异,这就给操作带来了一定的难度。因此,在操作的过程中,一是要分清原料的质地。质老的置于锅(桶)底层,质嫩的置于上层,以便随时捞取;二是要掌握好各种原料的成熟要求,不能过老或过嫩(此之老嫩,非指质地,而是指原料加热时的火候运用程度);三是如果一锅(桶)原料太多时,为防止原料在加热过程中出现结底、烧焦的现象,可预先在锅(桶)底垫上一层竹垫或其他衬垫物品;四是根据成品要求,熟练掌握和运用火候。一般卤制菜品时,先用大火烧开,再用小火慢煮,使卤汁香味慢慢渗入原料,从而使卤制品具有香味。

四、老卤的保质

老卤的保质也是卤制菜品成功的一个关键。所谓老卤,就是经过长期使用而积存的卤汤。这种卤汤,由于加工过多种原料,并经过了长时间的加热和醇化,其质量相当高。老卤汤因不同原料在加工过程中释放出不同的物质元素,并溶解于汤中,且越聚越多,因而形成了复合香味。使用这种老卤制作卤制品,会增加卤制品的营养和风味。

老卤的保存应当做到以下几个方面:定期清理,勿使老卤聚集残渣而形成沉淀;定期添加香料和调味品,使老卤的味道保持浓郁;取用老卤要用专门的工具,防止老卤污染而影响保存;使用后的老卤要烧沸,从而相对延长老卤的保存时间;选择合适的容器盛放老卤。

五、掌握好卤制的火候

卤制的火候多用慢火浸煮,中间也可短时间用中火。卤制的时间根据原料的大小与性质而定。鹅鸭类在卤制过程中,还需把原料提出卤锅数次,把腹腔中积存的卤水倒出;当原料再次浸入卤锅时须将滚烫的卤水灌入腹腔内,使其内外均匀受热。卤制时还要注意翻动原料,使入味均匀。

六、常用卤制原料

卤在冷菜的制作中使用广泛,其原料一般是动物性原料,包括鸡、鸭、鹅及畜类的各种内脏,野味也是常用原料,极少数也有以植物性原料加工的。卤制原料料形一般以大块或整形为主,以鲜货为好。常见卤制品有卤猪肝、卤鸭舌、盐水鸭、卤香菇等。

七、卤的操作要领

(1)卤制品所用的卤料应用干净纱布包扎好,连同原料一起放入锅中煮制。

(2)卤汤用后只要保存得当,可以继续使用。再次使用时,可适当添加高汤、香料及调味品等。清卤方法是:将卤汁倒入锅中烧沸撇去浮油,过滤掉残渣,并根据使用次数适当加入各种调味料。

(3)白卤不能使用含有鞣酸过多的香料,如大茴香、小茴香、桂皮等,可用草果、白芷、丁香、花椒等调味料代替。卤汤应放入不锈钢容器中保存,不宜用铁器盛放。

(4)卤制时火候控制要恰当,卤制原料一般块形较大,加热时间长。在卤制时先用火烧沸,再改用小火煨煮。多种原料在一起卤制,应根据原料的性质及所需加热时间的长短先后投料,以保证卤制品成熟一致。

实训一　卤香菇

【原料配方】

主料:水发香菇250克。

调料:盐5克,味精0.5克,糖75克,酱油15克,料酒10克,葱姜各15克,高汤适量。

【制作工序】

(1)香菇去老根后,加葱姜高汤上火蒸2小时。

(2)炒锅上火,留底油,炒成糖色,烹料酒,加高汤、盐、味精、糖、酱油、葱姜,制成卤汤。

(3)香菇放入卤汤中,小火烧入味,旺火收汁。

(4)装盘点缀(见图1-8)。

图 1-8 卤香菇

【菜肴特点】
色黑亮,口味咸甜,口感软嫩。

【学习重点难点】
(1)干香菇在使用前一定要进行涨发。
(2)收汁时一定要将汤汁收干,香菇表面才会有光泽。

实训二　香卤鸡蛋

【原料配方】
主料:鸡蛋 10 个。
调料:葱段 20 克,姜块 20 克,黄酒 30 克,味精 3 克,精盐 6 克,白糖 8 克,老抽酱油 10 克,八角 2 粒,丁香 4 粒,小茴香 3 克。

【制作工序】
(1)将鸡蛋放入清水锅中,用中火煮至熟透,捞出用冷水浸透,把外壳去掉,洗净待用。
(2)锅放于火上,加入清水、精盐、味精、白糖、葱段、姜块、老抽酱油、八角、丁香、小茴香,烧沸煮 20 分钟,再把熟蛋放入卤水锅中,用小火煮 25 分钟入味即可食用。

【菜肴特点】
卤香味醇,色泽酱红,蛋嫩味鲜。

【学习重点难点】

鸡蛋煮熟剥皮时要保证蛋清完整。

实训三　卤水豆腐

【原料配方】

主料:豆腐2000克。

调料:葱段20克,姜块20克,老抽酱油50克,色拉油1000克(实耗80克),黄酒30克,精盐30克,味精5克,八角4粒,桂皮10克,干辣椒20克。

【制作工序】

(1)将豆腐用刀改成厚4~5厘米的长方形状。炒锅上火,倒入色拉油烧至160℃,把豆腐慢慢放入油锅炸至外脆,呈金黄色,捞取沥净油。

(2)锅置于火上,倒入清水,加黄酒、老抽酱油、葱段、姜块、精盐、味精、八角、桂皮、干辣椒,用火烧沸煮20分钟,透出香味。

(3)再将油炸豆腐轻轻放入卤水锅中用小火煮制30分钟,卤至入味即可食用。

【菜肴特点】

色泽呈金黄色,松软,味鲜,营养丰富。

【学习重点难点】

炸豆腐时油不宜超过锅一半的位置,防止热油溢出。

任务八　冷菜烹制方法——酱

任务描述

通过学习冷菜烹调方法"酱"和制作酱制菜肴的工艺流程,掌握酱制菜肴制作的关键和质量要求。

任务分析

通过学习,学生能够掌握酱制菜肴制作的技巧,独立完成酱制菜肴的制作。

相关知识

一、酱的概念与特点

将腌制后的原料(也有不腌制的)经焯水或油炸,放入酱汁中用大火烧开,转用中、小火煮至熟烂捞出即可。也可以再将酱汁收浓淋在酱制原料上,或将酱制原料浸泡在酱汁内制成菜品。酱的工艺与卤的工艺基本相似,有些地方卤、酱不分,故二者时常并称为酱卤。传统的酱汁是将黄酱炒制后加水加入调味品制成,或者将黄酱用开水熬制,过滤后制成酱汁,再入调味品。

二、酱的种类

酱制法分为普通酱和特殊酱两类。

(一)普通酱

酱汁的用料配方是:开水 5 千克,酱油 1 千克,盐 125 克,料酒 500 克,葱姜各 125 克,花椒、八角、桂皮各 75 克,熬制成酱汁,有的加糖色增香、增色,还有的添加陈皮、甘草、草果、丁香、茴香、豆蔻、砂仁等香料。酱制好的成品菜肴多浸在撇尽浮油的酱汁中,以保持新鲜,避免发硬和干缩变色。

(二)特殊酱

1. 酱汁酱

酱汁酱又称焖汁酱,以普通酱制法为基础,加红曲上色,用糖量增加五倍。成品具有鲜艳的深樱桃色,有光泽,口味咸中带甜。

2. 蜜汁酱

原料多用小块,先加盐、料酒、酱油拌和腌约 2 小时,然后油炸,再下锅加高汤、老酱汁及少量盐煮 5 分钟;另备锅下少量高汤,加糖、五香粉、红曲、糖色,放入炸煮过的半成品,再煮至可以用筷子戳通即成,出锅后舀少许酱汁浇在成品上。成品为酱褐色,有光泽,酱汁浓稠,口味鲜美,甜中带咸。

3. 糖醋酱法

用清水、糖、醋及辣椒粉熬成酱汁,原料经硝腌、油炸,倒入酱汁锅中煮熟即成。成品金黄红亮,具有香、鲜、酸、甜、辣等特色。

三、酱制法的操作要点

(1)要先用旺火烧沸,再转小火酱煮,要求沸而不腾。小火酱制时防止火力转旺,保持微沸状态,温度为 90℃,恒温。酱制时应适时翻动原料,一般上下翻动两三次,保证原料均匀受热,内外熟透。酱制时间一般为 2～4 小时,要经常用筷子戳动检查成熟度,防止"欠火"(熟度不够)和"过火"(过于软烂)。

(2)要根据原料的质地和大小,掌握烹调时间,一般在七成熟时即可收汁上色。

(3)酱制原料通常以肉类、禽类等动物性原料为主。锅底要垫上竹箅,防止粘锅底。

(4)酱油质量的好坏,主要是看酱油中营养成分的多少。酱油中含多种氨基酸,包括人体必需的氨基酸。这些氨基酸在酱油中含量的多少,决定了酱油的营养价值高低。还要看酱油的滋味是否鲜美适口,是否醇正,有没有酸、甜、苦、涩异味和霉味。判断酱油的质量并非是酱油颜色的深浅。

四、酱和卤的区别

(1)酱制原料只限于畜禽类肉及内脏,范围较窄。卤既可用生料,包括植物性原料,也可用熟料,原料来源广泛。

(2)酱制前原料要经严格的加工和清洗。在酱前要将原料用盐或硝腌制一段时间后洗净再酱。卤的原料一般不用盐或硝腌制。

实训一　酱牛肉

【原料配方】

主料:瘦牛肉2500克。

调料:酱油50克,盐25克,糖150克,味精5克,料汤5000克;花椒、大料、肉桂、肉果、草果、砂仁、小茴香、丁香、白芷、沙姜、香叶、桂皮每样20克,葱姜各100克。

【制作工序】

(1)制作酱卤汤。将锅上火,放入宽水,下入鸡、猪骨烧开,撇去浮沫,放入葱、姜用小火煮成汤,捞出渣。将锅上火,放入油适量,下入以上各种调料,煸炒出香味,倒入烧开的汤锅内,上火煮出香料味,制成酱卤汤。

(2)将大锅上火,放水烧开,将牛肉改刀成小块,下入锅内,放入葱姜片略煮,将浮沫捞出。

图1-9　酱牛肉

(3)将煮了一会儿的牛肉放入制好的酱卤汤酱制。再放入酱油、料酒、盐、糖、味精,开中火烧制。将汁收干,牛肉捞出,晾凉改刀装盘(见图1-9)。

【菜肴特点】

五香味浓郁,味道咸鲜。

【学习重点难点】

酱卤汤要提前调制,不能现用现调。煮牛肉不宜时间过长,否则刀工不易成形。

实训二　五香酱鸡

【原料配方】

三黄鸡1000克,红曲米10克,桂皮10克,八角8克,黄酒20克,葱段10克,姜块10克,老抽酱油20克,白糖40克,精盐10克,味精5克,芝麻油20克。

【制作工序】

(1)在鸡右翅的软肋下划开一道15厘米长小口,除去内脏,斩去脚爪,洗净,放入沸水锅焯水片刻,漂洗血污,沥干水分。

(2)用布袋把桂皮、八角、红曲米包扎放入锅内,加入清水、葱段、姜块,用中火煮成酱汁,再把鸡放入酱汁中,加入黄酒、老抽酱油、白糖、精盐,把鸡煮至成熟后,用大火收汁,最后淋芝麻油即可(见图1-10)。

【菜肴特点】

色酱红,甜中带咸,肉香酥烂。

【学习重点难点】

(1)煮鸡时酱汁不宜过多,没过鸡即可。

(2)放入酱汁中煮鸡时火力不宜过大。

图1-10　五香酱鸡

实训三　番茄排骨

【原料配方】

主料:猪排骨 500 克。

调料:味精 2 克,白糖 40 克,色拉油 1200 克(实耗 50 克),番茄酱 50 克,葱 20 克,姜 10 克,黄酒 20 克,精盐 5 克。

【制作工序】

(1)将猪排骨斩成 6 厘米长的条形块,用清水洗净。锅置于火上,加入清水、排骨、黄酒、精盐、姜、葱,焯水至五成熟,捞取洗净沥干水分。

(2)锅置于火上,倒入色拉油烧至 150℃,把排骨放入,炸至金黄色发硬后捞出,沥干油待用。

(3)再把锅置于火上,加入底油、番茄酱炒香上色,再放入白糖和清水,再放入排骨、味精,用中火煮 20 分钟,收稠酱汁,淋上适量油即可食用(见图 1－11)。

【菜肴特点】

色呈酱红色,甜酸味浓,肉味干香。

【学习重点难点】

(1)炸排骨时不要将排骨炸干。

(2)番茄酱要小火煸炒出红油。

图 1－11　番茄排骨

任务九　冷菜烹制方法——泡

任务描述

通过学习冷菜烹调方法"泡"和制作泡制菜肴的工艺流程,掌握泡制菜肴制作的关键和质量要求。

任务分析

通过学习,学生能够掌握泡制菜肴制作的技巧,独立完成泡制菜肴的制作。

相关知识

一、泡的概念与特点

泡是以时鲜蔬菜及应时水果为原料,经初步加工,直接用大量调味卤汁浸泡成为菜品的一种烹制方法。泡制菜肴的特点是质地鲜脆,清淡爽口,风味独特。

二、泡的种类

按泡制的卤汁不同,分甜泡和咸泡两种:甜泡的汁水主要以糖为主要调味品,成品偏重甜味;咸泡汁水主要用盐、白酒、花椒、生姜、大蒜、干辣椒、糖等调味品,成品以咸、辣、酸味为主。

三、泡的操作要领

(1)泡的原料要新鲜,洗净后必须晾干方可泡制,泡制的蔬菜、瓜果原料应新鲜脆嫩、含纤维少,切制大小整齐。

(2)泡制要备有特制容器,调制泡菜卤水忌用生水和污染的水,要用冷凉的开水。

(3)泡卤要经常处理,清理方法是将泡卤烧开去渣,并根据泡的次数多少适当添加各种调味品。

(4)泡制时间应根据季节和泡卤的咸淡而定,一般是冬季长夏季短,味重的浸泡时间长于味淡的浸泡时间。

(5)夹取泡菜时,必须用洁净的专用工具,勿用手和油勺等捞取,以免泡卤变质。

(6)泡卤如没有腐败变质,可继续用来泡制原料,但每次必须将泡菜捞净,这样才能放入新的原料,并根据泡制次数适量加入调味品。

实训一　泡莲白卷

【原料配方】

主料:卷心菜250克,胡萝卜50克,绿豆芽100克,黄瓜50克。

调料:白糖150克,白醋50克,香叶0.5克,丁香0.5克。

【制作工序】

(1)卷心菜剥开,洗净,焯水,过凉;绿豆芽洗净,焯水,过凉。

(2)胡萝卜洗净去皮,切细丝;黄瓜洗净,切细丝。

(3)汤锅加水,放白糖、香叶、丁香熬成泡汤,凉后加白醋。

(4)卷心菜、胡萝卜丝放入泡汤中泡2小时。

(5)用卷心菜将胡萝卜丝、黄瓜丝、豆芽卷紧,改刀装盘即可食用。

【菜肴特点】

色红绿相间,口味甜酸,口感爽脆。

【学习重点难点】

泡汤调制时味道要浓,防止腌渍口味过淡;制作时卷心菜要卷紧,否则容易散开。

实训二　果汁藕

图1-12　果汁藕

【原料配方】

主料:莲藕500克。

调料:橙汁80克,白糖100克,白醋20克,盐5克。

【制作工序】

(1)将莲藕洗涤干净,切成2毫米厚的片,再放入沸水锅中焯至八成熟,捞出沥干水分。

(2)将藕片放进容器内,倒入橙汁、白糖、白醋、盐,搅拌均匀,浸泡5~6小时即可食用(见图1-12)。

【菜肴特点】

色泽呈黄色,酸甜适口,果香味浓。

【学习重点难点】

(1)切好的藕片要放入冷水中浸泡,隔绝空气,防止变色。

(2)浸泡的汤汁口味要重一些。

实训三 四川泡菜

【原料配方】

主料:豇豆2500克。

调料:精盐200克,干辣椒12克,曲酒100克,花椒10克,冷开水1200克,白糖70克,姜80克。

【制作工序】

(1)将精盐、干辣椒、花椒同时放入泡菜坛内,再加入姜、曲酒和冷开水搅动,待精盐溶化后待用。

(2)将豇豆洗净后沥干水分,放入装有盐水的泡菜坛,翻水碗槽内加些水,盖严,夏季泡3天左右,冬季泡6天左右。

【菜肴特点】

咸酸适口,脆爽鲜美,为开胃冷菜。

【学习重点难点】

(1)要使用冷开水,不能使用生水。

(2)使用专用工具操作,防止泡菜水变质。

任务十 冷菜烹制方法——煮

任务描述

通过学习冷菜烹调方法"煮"和制作煮制菜肴的工艺流程,掌握煮制菜肴制作的关键和质量要求。

任务分析

通过学习,学生能够掌握煮制菜肴制作的技巧,独立完成煮制菜肴的制作。

相关知识

一、白煮

（一）白煮的概念与特点

白煮是将加工整理的肉类原料放入清水锅或白汤锅内，不加任何调味品，先用旺火烧开，再转用小火煮焖成熟的一种方法。白煮菜品需要冷凉后改刀装盘，然后加入调味卤汁食用。一些白煮类菜品，也有采取蒸制而熟的。为了去除腥味，根据原料情况有的可酌放一些葱、姜、料酒共同煮制。白煮的特点：一是制作简单、省时省力；二是制品能够保持原形原色和原料本身固有的鲜美味道；三是成品色泽洁白，清爽；四是食之鲜嫩滋润，清香可口。

（二）白煮的操作要点

（1）白煮的原料必须新鲜无异味。根据各种烹饪原料的质地不同，掌握煮制时间和原料的成熟度。

（2）要根据各种原料质地的不同，掌握好火候，一般要求煮熟即可，不可煮得太烂。

（3）煮制时要冷水下锅烧沸，再改用小火煮，这样才能使原料鲜嫩、表面光润。

（4）煮制时原料应全部浸入汤水中，经常翻动，确保原料成熟度一致，色泽洁白。

二、盐水煮

（一）盐水煮的概念与特点

盐水煮就是将腌渍的冷菜原料或待腌的原料，放入水锅中，加精盐、姜、葱、花椒等调味品（一般不加糖和有色调味品），再加热成熟的一种制作方法。盐与水的比例一般为 1:20。

根据原料形状、大小及质地的不同，盐水煮可分别采用不同的火候和操作方法。对形状较小、质地细嫩或需要保持鲜艳色泽的植物性原料应沸水下锅，断生即可；对形状较大、质地老韧的动物性原料应冷水下锅煮到七成熟捞出，再放入盐水锅煮熟；对用盐或硝酸钠腌制过的动物性原料则应在清水中漂洗，下锅焯水去掉异味后，再煮制成熟。成品冷菜改切装盘后，大都浇入适量原卤汁食用。盐水煮的制品主要特点是咸香清爽，鲜嫩适口。

（二）盐水煮的操作要点

（1）盐水煮制法要根据原料形状的大小和质地，掌握不同的火候和不同的处理方法。

（2）经过腌渍的原料，不需要再加入咸味调味品，只需放些葱、姜、料酒和香料直接煮熟。

（3）对于腌制体大、质老的原料，应先泡洗去苦涩杂味或焯水后再煮制，一般先用大火烧沸，然后用小火焖煮成熟。

（4）对于一些形小、质嫩或要保持鲜艳色泽的植物性原料，应沸水下锅，对于体大、质老的原料应冷水下锅煮制。

（5）煮制时，一般不放糖和有色调味品，对要求味鲜质嫩的菜肴，盐不宜早放，因盐能使原料中的蛋白质过早凝固，从而延长加热时间，使原料质地变老，影响成品质量。

实训一　盐水鸭胗

【原料配方】

主料：鸭胗 500 克。

调料：盐 10 克，味精 0.5 克，葱姜各 15 克，花椒 10 克。

【制作工序】

（1）鸭胗洗净去老皮。

（2）汤锅上火，放水，加盐、味精、葱姜、花椒、鸭胗小火煮熟。

（3）原汤泡 4 小时。

（4）改刀装盘（见图 1－13）。

【菜肴特点】

色棕红，口味咸香，口感脆韧。

图 1－13　盐水鸭胗

【学习重点难点】

煮制时注意火候,防止口感变老。

实训二　盐水果仁

【原料配方】

主料:鲜花生仁 400 克。

调料:精盐 80 克,味精 1.5 克,八角 2 粒,葱段 10 克,姜块 5 克,香叶 2 片。

【制作工序】

(1)将鲜花生仁用清水浸泡 4 小时,再洗涤干净。

(2)锅置于火上,放入清水、花生仁、精盐、味精、葱段、姜块、八角、香叶,大火烧沸转至小火焖煮 1 小时即可食用。

【菜肴特点】

清淡适口,咸味果香,果仁熟烂。

【学习重点难点】

根据原料浸泡的时间长短调整汤汁的口味,防止过咸或过淡。

实训三　蒜泥白切肉

【原料配方】

主料:猪臀尖肉 1200 克。

调料:酱油 50 克,蒜泥 50 克,白糖 20 克,精盐 4 克,味精 2.5 克,芝麻油 10 克。

【制作工序】

(1)将猪臀尖肉初步加工后洗净,切成方形,用清水洗净放在冷水锅中,用旺火煮沸,然后撇去血沫,加盖改用小火继续煮焖,煮至肉六成熟后捞出,自然冷却。

(2)碗内加入酱油、蒜泥、白糖、精盐、味精、芝麻油,调制成味汁。上桌前,先把大块肉切去肥膘,斜着肉纹切成小薄片后装入盘内,再将调味汁浇上或带调味汁碟蘸食(见图 1 – 14)。

【菜肴特点】

肉嫩味鲜,肥而不腻,蒜味浓。

【学习重点难点】

(1)肉不能煮得太烂,筷子能戳透肉皮为宜。

(2)制作蒜泥白切肉的重要环节是调配好调味汁,可以一边配一边试味。

图 1 – 14　蒜泥白切肉

任务十一　冷菜烹制方法——风

任务描述

通过学习冷菜烹调方法"风"和制作风制菜肴的工艺流程,掌握风制菜肴制作的关键和质量要求。

任务分析

通过学习,学生能够掌握风制菜肴制作的技巧,独立完成风制菜肴的制作。

相关知识

一、风的概念与特点

风制是将原料用椒盐等调味品腌制后,挂在避阳通风处,经较长时间的风吹,使原料产生特殊的芳香味,食用时蒸或煮使其成熟的一种烹制方法。风制的原料一般是将带羽毛或其他材料包裹着的原料进行风制。其制作特点是,一不需要浸卤,二不需要晒制,三腌制时间较短。菜品特点是肉质鲜香,味道醇厚,耐储存。

二、风的种类

风制法一般有腌风和鲜风两种。风制法在我国民间流行,各地的制法也不尽相同,大都在秋末冬初进行,此时气候干燥,温度较低,微生物不易滋生,同时也能产生一种特有的香味。

(一)腌风

腌风也称咸风。腌风是将刚宰杀的鸡、鸭、鱼或其他肉类原料,及时用盐、花椒等调味品腌渍,腌好后挂在避阳风口处吹干,食用时再整理加工成熟。

(二)鲜风

鲜风也称为淡风。鲜风是将植物性原料不腌制,直接挂在阴凉通风处吹干,食用时洗净加热成熟,然后放调料拌制成菜。

三、风的操作要领

(1)腌风的原料要求鲜活,腌制时多数不去毛和鳞,仅去内脏,一般也不水洗,用洁布擦干血污即可。腌制时,花椒盐擦抹原料肚膛擦抹要均匀。

(2)风的时间根据原料性质和气候而定,风制品要挂在阴凉通风处,不要放在阳光下暴晒。

(3)食用时应根据原料的性质做初步处理,洗干净后方可烹调。

实训一　风　鸡

【原料配方】

主料:仔鸡1只,重约1.5千克。

调料:绍酒15克,精盐100克,葱10克,姜5克,花椒15克。

【制作工序】

(1)选一年左右的肥壮仔公鸡。将鸡宰杀后,从鸡颈根处剖开去除鸡嗉子,再从右翅腋下开一小口取出内脏。

(2)将花椒盐塞入鸡腹腔内,用手指蘸花椒盐,将鸡腹壁擦遍擦透,鸡嘴用手指塞入少许花椒盐,然后将鸡头塞住腋下刀口,用草绳将鸡翅、鸡脚同鸡身一起捆紧,刀口朝上,悬挂通风处,7天左右将鸡身转个方向,使鸡身完全干燥,20天左右后香味可入骨。

(3)将风鸡放入长盆里,加花椒5克和葱段、姜片、绍酒,上笼用旺火蒸半小时左右,取出晾凉后,在鸡脊背处剖开,斩成四块,拆去大骨,斩成长条块装盘即成(见图1-15)。

(4)花椒盐的制作。炒锅内放精盐、花椒各50克,置小火炒到花椒粒干而发松时倒出,趁热碾碎过箩后即成。

【菜肴特点】

此菜为初冬季节凉菜,鸡肉鲜嫩,味香可口。

图 1 – 15　风　鸡

【学习重点难点】

(1)制作花椒盐时要注意不要火大。

(2)风干时要注意温度和湿度,防止变质。

实训二　麻辣风干肠

【原料配方】

主料:猪前臀尖 1.5 千克。

调料:白酒 15 克,精盐 100 克,辣椒粉 25 克,花椒粉 15 克。

【制作工序】

(1)猪前臀尖切一厘米左右方丁,加入调料拌匀。

(2)使用漏斗灌入泡软的肠衣内。

(3)将灌好的肉肠每隔 20 厘米左右用棉线扎紧,然后打结,悬挂在通风处 20 天左右即成。

(4)将肉肠洗净,放入长盆里,加花椒 5 克和葱段、姜片、绍酒,上笼用旺火蒸半小时左右,取出晾凉后,切片装盘即成。

【菜肴特点】

此菜为初冬季节凉菜,肉质鲜嫩,麻辣,味香可口。

【学习重点难点】

(1)灌肠时要注意松紧适度,防止肠衣破裂。

(2)灌制完成后要用牙签在每节肉肠上扎一些小孔放气。

实训三　风鲤鱼

【原料配方】

主料:活鲤鱼 1 条(2 千克左右)。

调料:香油、料酒各 50 克,葱段 25 克,姜块、花椒各 25 克,盐 16 克,味精 10 克。

【制作工序】

(1)在鲤鱼两胸鳍间刺一刀放血,去鳃刮鳞,从脊背部开膛取出内脏后洗净,然后用花椒、料酒、盐、味精、姜(拍松)、葱腌两天。

(2)用铁丝串住鱼尾,把腌好的鱼挂在荫凉处风干(需 1 个月左右)。

(3)将风干的鱼装在盘内,加入香油上屉蒸熟,剁成块,装在盘内晾凉上桌。

【菜肴特点】

味道鲜美,久食不腻。此菜在冬天制作、春天食用为宜。

【学习重点难点】

(1)鱼采用"背开"的方法开膛。

(2)风干时要注意温度和湿度,防止变质。

任务十二　冷菜烹制方法——腊

任务描述

通过学习冷菜烹调方法"腊"和制作腊制菜肴的工艺流程,掌握腊制菜肴制作的关键和质量要求。

任务分析

通过学习,学生能够掌握腊制菜肴制作的技巧,独立完成腊制菜肴的制作。

相关知识

一、腊的概念与特点

腊是将原料用椒盐或硝等调味料腌制后,进行烟熏,再放在通风处吹干,或不熏制,经反复多次的腌—晾—腌,去其水分后,再蒸、煮成菜的一种烹制方法。腊制品是我国传统的风味制品,由于腊制品一般在农历立冬与立春之间才进行大量制作,习惯称腊货,现泛指一切经过腌制再进行晾晒的制品。腊制品常用的调料有精盐、硝、白糖、酱油、白酒、花椒、五香粉、胡椒粉等,硝是一种发色料,腊制品中常用的是硝酸钠(也称智利硝石)、硝酸钾(俗称火硝)和亚硝酸钠(也称快硝)三种。腊的原料种类很多,同一品种因产地、加工方法、口味的不同而各具特色。

腊制法是一种特殊的腌制加工方法,其制作和技艺复杂,除腌制过程外,还需经过浸泡、配料、烟熏、烘烤、晾干,而且讲究调料。腊制品具有食之甘香、肉质坚实、色泽悦目、易于保存的特点。腌腊品独特的风味是在腌制和风干过程中形成的。在这个过程中,原料内部的水分蒸发减少,尤其蛋白质在酶和微生物作用下,部分分解为肽类、氨基酸、酰氨等呈味物质,加上调味的渗入,从而形成腊制品独特风味。

二、腊的种类

腊的具体制法有两种:一种是将用盐、硝等调料腌制的原料,经烟熏、干燥或风干后,蒸熟或煮熟;另一种是将用盐、硝等调腌制的原料,经烘烤或风干后,蒸熟或煮熟,然后再用烟熏。

三、腊的操作要点

(1)烟熏时燃料要符合卫生要求,不可熏焦,一般应呈红黄色。

(2)严格按硝的使用量操作,宁少勿多。

(3)腌制时掌握用盐量,口味不宜太咸或太淡,可用重物压一段时间,这样可使原料质地紧密。熏制后要挂在阴凉通风处。

(4)腊制品的制作一般在立冬之后、立春之前进行,这期间腊制的食品便于久存,且风味独特。

实训一　腊　鸭

【原料配方】

主料:填鸭1只,重约2千克。

调料:盐100克。

【制作工序】

(1)盐用锅炒热后晾凉。鸭子洗净,由腹部下刀从中间开成一个大扇形,取出内脏,然后用刀从颈部下方把两边肩骨划断,注意不要把皮划破,取出腔胸骨。

(2)将鸭嘴掰开,撒25克盐以免变质,将剩下的盐均匀地揉搓在鸭的表面及里层,最后把鸭子放在盆里,用盖子压住,腌10天左右。

(3)取出,用温水浸泡 1 小时,取筛子平顶朝上,把鸭子皮朝下平摊在筛网上,再将脖子朝右弯过来贴近鸭身,放置阳光下暴晒后再放置通风处,须 7 天吹干。

(4)食用前抽去线绳,洗净尘土,从背部下刀一剖两扇,沸水旺火蒸约 20 分钟即可。

【菜肴特点】

颜色红黄,味咸香。

【学习重点难点】

在风干时要注意温度和湿度,防止变质。

实训二　湖南腊肉

【原料配方】

主料:带皮猪肋条肉 2500 克。

调料:精盐 25 克,花椒 8 克,白糖 60 克,黄酒 60 克,酱油 40 克,葱 30 克,姜 30 克。

熏料:木炭 500 克,干锯木屑 400 克,花生壳 200 克,瓜子壳 210 克。

【制作工序】

(1)选用皮薄肉嫩的猪肋条肉,刮洗干净后沥干水分,切成宽 5 厘米的粗条,在一端用尖刀戳一小孔。

(2)锅置于火上,加入花椒和精盐炒香,与白糖拌匀,把肉用调料擦抹后放入容器内腌 4 天并上下翻动,再腌 3 天取出。

(3)将腌制的肉放入清水中洗净,在每一条肉的一端系上麻绳,挂在通风处放置两天,然后挂入熏炉内,肉条与肉条之间要保持一定距离,在下面燃起熏料,炉内温度保持在 40℃左右,连续熏至猪肉呈黄色、表面干燥,即成腊肉。

【菜肴特点】

色泽金黄色,香味浓厚,咸淡适口。

【学习重点难点】

(1)制作过程中要注意温度的变化,防止变质。

(2)熏制时要经常观察,不要熏制过火。

实训三　腊味鸡腿

【原料配方】

主料:鸡腿 1000 克。

调料:盐 100 克、花椒 50 克。

【制作工序】

(1)锅置于火上,把花椒和盐炒香,将花椒盐擦抹在鸡腿表面和里层,放在容器内,用大盘压住,腌制 8~10 天。

(2)腌好取出,用温水浸泡 1 小时,挂在阴凉通风处 7 天风干。

(3)食用时上笼蒸 30 分钟即可装盘食用。

【菜肴特点】

风味独特,肉味咸香。

【学习重点难点】

制作过程中注意温度的变化,防止变质。

任务十三　冷菜烹制方法——烤

任务描述

通过学习冷菜烹调方法"烤"和制作烤制菜肴的工艺流程,掌握烤制菜肴制作的关键和质量要求。

任务分析

通过学习,学生能够掌握烤制菜肴制作的技巧,独立完成烤制菜肴的制作。

相关知识

一、烤的概念与特点

烤又称烧烤、烘烤,是将原料经过腌渍或加工成半熟制品,放入烤箱或烤炉内,利用辐射的高温,把原料直接烤熟的一种烹制方法。烤制通常是将生料腌渍或加工成半成品后再进行烤制,中途不加调味料。烤制成熟后用调味料蘸食,或现烤现吃,适用于鲜嫩的禽畜、野味、鱼类等大块和整形的动物性原料。菜品具有色泽红亮、表皮酥脆、肉质鲜嫩、本味浓重、干香不腻的特点。烧烤的菜肴冷食、热食均可。

二、烤的种类与操作要点

根据烤炉烤箱的形式和操作方法的不同,分暗炉烤、烤箱烤和明炉烤三种。

(一)暗炉烤

暗炉烤又称挂炉烤,是将原料挂上烤钩或烤叉,放入炉体内,悬挂在火源的上方,封闭炉门,利用火的辐射热将原料烘烤至熟的一种方法。其优点是温度较稳定,原料受热均匀,烧烤的时间短、速度快,成品质量较高。

暗炉烤的操作要点是:

(1)原料需涂抹饴糖或其他调味品,需挂置通风处吹干表皮再烤制。

(2)烤制菜肴之前要先把炉温升高,然后再装入原料,炉温的高低,要视所烤原料的性质、多少和炉的容积大小而定。

(3)原料入炉之后,要不断地使其转动,以便上色均匀。

(二)烤箱烤

烤箱大都用电,也有用燃气的。烤箱的火力不直接与原料接触,而是隔着一层铁板,所烤食品放在烤盘里,烤箱既能烤制菜品,又能烤制糕点。烤箱烤制的菜肴,味甘美而醇香。

烤箱的操作要点:

(1)用于烤制的原料要鲜嫩,形体不可过大,否则不易烤透。若所烤制的原料在烤时上色不一,可在深色处贴白菜叶或湿餐纸。

(2)最好先用大火给原料上色至八成,再用小火焖烤。若不先上好色,原料自身的油就会外溢,烤制过程上色就不匀,色泽不好。如原料质地较老,烤时可在烤盘中加入一些卤汁或汤,连焖带烤才容易熟透。

(三)明炉烤

明炉烤,又称明烤、叉烧烤,是将原料放在敞口火炉或火池上,不断翻动,反复烘烤至熟的一种方法。

明炉烤有三种形式:一种是炉上有铁架,多用于烤制乳猪、全羊等大型原料;另一种是在炉子上面放炙子,适用于形体较小的原料,如烤羊肉串、烤肉;第三种是炉上不架铁架和炙子,原料用铁叉叉好直接放在火上翻烤。明炉烤燃料多为木炭。

明炉烤的操作要点:

(1)明炉敞口,火力分散,烤制菜肴时要注意随时翻动并调节火力的大小。

(2)明炉因火力分散,烤制较大型的原料,所需时间较长,要保持火力,每次加炭不可过多,以免压住火。开始烤制时,将木炭分散在明炉的四周,使火力均匀,将原料烤熟烤透。

实训一　广东蜜汁叉烧

【原料配方】

主料:猪上脑肉5千克。

调料:盐 100 克,生抽酱油 500 克,老抽酱油 500 克,柱侯酱 25 克、白糖 400 克,汾酒 250 克,芝麻酱 75 克,红曲 5 克,麦芽糖 2500 克。

【制作工序】

(1)将猪上脑肉改刀为粗 3 厘米见方、长 30 厘米的长条。红曲加水煮开 10 分钟左右,过箩制成红曲水。

(2)取碗放入盐、白糖、生抽酱油、老抽酱油、汾酒、柱侯酱、红曲水、芝麻酱和均匀,放入肉条拌匀后腌制 1 小时左右,每隔 20 分钟翻动一次。

(3)用叉烧环将肉穿起放入温度 120℃的烤炉内烤 30 分钟,肉呈金红色即可。

(4)麦芽糖加水调匀,将肉条浸于糖水溶液内粘匀上色,再回炉烤 2~3 分钟,取出后改刀即为成品(见图 1-16)。

【菜肴特点】

色泽红润,香甜,外干,鲜美。

【学习重点难点】

(1)腌制入味后可放入冰箱,防止变质。

(2)二次回炉烤制时应注意上色要均匀。

图 1-16　广东蜜汁叉烧

实训二　叉烧鸭

【原料配方】

主料:肥光鸭 1 只(净重 1500 克)。

调料:干荷叶 5 张,麦芽糖 30 克,甜面酱 80 克,姜片 80 克,葱 200 克,白糖 25 克,荷叶饼 200 克,芝麻油 30 克,花椒 10 克。

【制作工序】

（1）制坯。将宰杀去毛的填鸭左右翅膀下分别切开3～4厘米长的口子,把右手的食指与中指伸进去,掏出内脏。剁去鸭掌和翅膀尖,然后洗干净。把干荷叶用温水浸泡软,洗净后切碎与葱叶、姜片、花椒从鸭开口处塞进鸭腹内,力求鸭体丰满。

（2）上叉。用特制的铁叉子由鸭腿内侧根部穿至鸭肩(不穿透),再把叉尖捏拢,经过鸭颈穿出,把鸭头横着穿在两股鸭叉上,让叉尖从头部穿出裸露18～20厘米长。

（3）烫皮。将鸭倒悬于沸水锅上,用勺盛沸水从上到下浇烫鸭皮,使鸭皮收缩绷紧,再用清洁布擦去水分,然后用1:5的热水和麦芽糖调制成饴糖,趁热均匀地在鸭身上刷抹一层,放于通风处晾干。

（4）烤制。将鸭叉架在燃烧的木炭上,先烤两肋部,再烤脊部,最后烤胸脯,把鸭体全部烤成枣红色即熟。

（5）装盘。将烤好的鸭子,用干净布擦拭一下,然后将鸭皮用刀片成长5厘米、宽3厘米的长块,再将鸭肉片成长3厘米、宽1.5厘米、厚0.5厘米的薄片。一般都是将鸭肉与特制的甜面酱(甜面酱、白糖、香油按100:10:5的比例搅拌均匀后蒸熟),再加上葱段,用荷叶饼卷着吃,别有风味。

（6）佐料制作。将甜面酱和白糖入锅炒均倒入碗中,葱切成12厘米的长兰花葱。

【菜肴特点】
色泽红亮,干香味美。

【学习重点难点】
（1）烫皮时用开水反复5～6次浇烫鸭身,使鸭皮收缩。
（2）烤制时要注意火力要均匀,上色均匀,成熟程度要一致。

实训三　烤仔鸡

【原料配方】
主料:仔鸡600克。

调料:葱段20克,味精3克,葱油40克,姜片30克,黄酒150克,色拉油500克,酱油40克,清汤200克。

【制作工序】
（1）将仔鸡从脊背中间劈开,再将鸡的大腿处割开一刀,洗净沥干水分。把鸡的全身沾满酱油,放入5成热油略炸上色,放入烤盘内。

（2）把葱段、姜片放入鸡肚内，再倒入清汤、酱油、葱油，撒上味精放入温度180℃的烤箱内，烤制20分钟，熟后取出凉透即可装盘食用。

【菜肴特点】

色泽酱红，味鲜肉嫩，别有风味。

【学习重点难点】

烤制时要注意火力要均匀，上色均匀，成熟程度要一致。

任务十四　冷菜烹制方法——熏

任务描述

通过学习冷菜烹调方法"熏"和制作熏制菜肴的工艺流程，掌握熏制菜肴制作的关键和质量要求。

任务分析

通过学习，学生能够掌握熏制菜肴制作的技巧，独立完成熏制菜肴的制作。

相关知识

一、熏的概念与特点

熏是将腌渍入味的生料或经过蒸、煮、炸等热处理的熟料，放入熏制的容器内，利用熏料封闭加热后不完全燃烧而炭化生烟的原理，使之吸附在原料表面，以增加菜品烟香味和色泽的一种烹制方法。常用的熏料有茶叶、大米、锅巴、柏枝、花生壳、核桃壳、木屑、稻草、锯末、食糖等。

由于熏烟中合有酚、醋酸、甲醛等类物质，它能赋予制品一种芳香气味和独特的口味。同时，熏制能使食品部分组织脱水，能有效地起到防止氧化、抑菌的作用，烟熏产品的表面上能形成保护膜，因此能增加食品的特殊味道和延长保存时间。

熏制菜肴选料广泛，禽、鱼、肉、蛋、豆制品均可。原料可整体熏制，也可切成条、块状熏制。其特点是色泽红黄，烟香浓郁，风味独特。

二、熏的种类

熏制菜肴因原料生熟不同，分为生熏和熟熏。

（一）生熏

烟熏前，制品仅是经过腌制入味的生料，熏后再经热处理制成菜品。

（二）熟熏

原料腌制入味后经过热处理,再熏制成成品菜。此外,有些以熏制为名的菜品,并不直接经过熏制,而是以先炸后烹熏汁或趁热放入熏汁中翻拌的方式制成,口味类似熏制的风味,其做法如同卤浸和北方热菜的清烹制法。

三、熏制的操作要点

(1)先将要熏的主料晾干,去除表皮上的水分,然后趁热码在算子上,逐个摆开,防止重叠。

(2)熏料可用一种,也可数种同时使用,如用茶叶,最好先用开水冲泡一下,捞出再使用,味道更佳。

(3)在锅底内撒入糖、茶叶、锯末等熏料后,将摆好原料的算子端入锅中,锅盖紧封闭,以防跑烟。

四、操作注意事项

(1)严格控制火候和掌握熏制时间,烧至冒青烟时要及时转入小火并迅速离开火源,否则色泽过重,会使原料带有糊味。生熏的火候应小于熟熏,时间要比熟熏略长些,熏制的时间一般从冒烟开始熏10分钟即可。

(2)将原料取出,及时刷匀香油,也有的不刷香油,而是浸泡在卤汁中。

实训一　香熏鸡翅

【原料配方】

主料:鸡翅750克。

调料:卤汤500克,香油5克,红茶5克,锯末50克,大米50克,白糖10克。

【制作工序】

(1)将鸡翅洗净后放入开水中焯一下捞出。

(2)另取一锅水放入500克卤汤兑入1千克清水,烧开后将鸡翅放入,小火煮至熟透后取出,沥净水分。

(3)将白糖、红茶、锯末、大米弄湿后,均匀地撒在熏锅里,放上熏架,摆好鸡翅,盖严上火,用中火烧至冒黄烟时,离开火源,烟熏10分钟,取出抹上一层香油,食用前改刀装盘即可。

【菜肴特点】

此菜色泽红亮,有五香味和浓郁的烟香味。

【学习重点难点】

(1)熏制时要经常观察,不要熏制过火。

(2)根据原料的多少灵活调整熏制的时间。

实训二 烟熏猪仔排

【原料配方】

主料:猪仔排1500克。

调料:葱段60克,五香粉5克,醪糟汁30克,花椒12克,姜块20克,精盐8克,黄酒20克,芝麻油15克,色拉油1500克(实耗100克)。

【制作工序】

(1)将猪仔排的三根肋条斩成方形块,加入黄酒、精盐、五香粉、花椒、葱段、姜块、醪糟汁,拌和均匀,上笼蒸至刚熟时取出凉透。

(2)锅置于火上,倒入色拉油烧至5成热,加入排骨,炸至呈金黄色捞出。再摆放在熏锅内,用鲜柏枝烟熏至排骨呈酱红色,斩成小块,盛入盘内,淋上芝麻油即可食用。

【菜肴特点】

烟香味浓郁,肉酥松、鲜嫩。

【学习重点难点】

(1)猪仔排可以煮完后在原汤浸泡入味后再进行烟熏。

(2)猪仔排煮得不宜过烂,不要脱骨。

实训三 烟熏豆腐

【原料配方】

主料:豆腐500克。

调料:芝麻油15克,色拉油500克,精盐5克,味精1克,白糖30克,黄酒40克,葱10克,花椒2克,锅巴150克,茶叶20克。

【制作工序】

(1)平盘内涂抹芝麻油,把豆腐摊平,上笼蒸20分钟,取出凉透切成6厘米见方的块。

(2)锅置于火上,倒入色拉油,将豆腐块炸成金黄色时捞出,沥干油分。

(3)锅置于旺火上,撒上白糖、茶叶和锅巴,架上铁箅,把炸好的豆腐放在铁箅上。锅盖严,待冒浓气时,锅离火再焖5分钟后,即可出锅装盘食用。

【菜肴特点】

色呈金黄,外香鲜嫩。

【学习重点难点】

使用相同的方法可以熏制豆皮卷。

任务十五　冷菜烹制方法——酥

任务描述

通过学习冷菜烹调方法"酥"和制作酥制菜肴的工艺流程,掌握酥制菜肴制作的关键和质量要求。

任务分析

通过学习,学生能够掌握酥制菜肴制作的技巧,独立完成酥制菜肴的制作。

相关知识

一、酥的概念和特点

酥制是将原料用油炸酥或投入汤内,加以醋为主的调料,用小火焖制酥烂的烹调方法。酥制菜品的特点是香烂味美,特别是鱼类经酥制后,鱼肉酥软,入口即化。

二、酥的种类及操作要点

酥制法主要有两种:一种是硬酥;一种是软酥。原料先过油再酥制的是硬酥;不过油而直接将原料放入汤汁中加热处理为软酥。酥制原料很多,肉、鱼、蛋和部分蔬菜均可作为酥制原料。酥制的主要环节在于制汤。其味型丰富多样,除一些基本味外,还可加入如五香粉或其他香料等调味品。

酥制菜品一般都是批量生产,要求酥烂,因此首先应当防止原料粘底。因为在酥制菜制作过程中,不可能经常性翻动原料,甚至有的原料从入锅到出锅根本就无法翻动。

实训一　酥鲫鱼

【原料配方】

主料:鲫鱼 1000 克。

调料:香醋 200 克,黄酒 100 克,酱油 200 克,白砂糖 100 克,小葱 200 克,姜 50 克,香油 200 克。

【制作工序】

(1)葱去根,洗净,切段。

(2)姜洗净,切片。

(3)将鲫鱼刮鳞去鳃、鳍、内脏,洗净,沥干水分待用。

(4)在砂锅底垫衬竹算垫子,铺上一层葱。

(5)然后将鲫鱼腹向上,头向锅边排满一圈。

(6)鱼上再放一层葱。

(7)葱面上再排一层鲫鱼,再放一层葱。

(8)排齐后,加入黄酒、香醋、酱油、白糖、姜片,放旺火上烧沸后,撇去浮沫。

(9)取大圆盘一只压在鱼上,盖紧锅盖,用微火焖 4 小时左右。

(10)待鱼骨酥透,卤汁稠浓时加入香油。

(11)待汤汁成黏胶状时,带汁装盘即成(见图 1 - 17)。

【菜肴特点】

咸甜酥香、汁红油亮。

【学习重点难点】

焖鱼的时间尽量长一些,否则鱼骨不易酥透。

图 1 - 17　酥鲫鱼

实训二 酥鸡腿

【原料配方】

主料:鸡大腿 2 个(重约 400 克)。

调料:鸡蛋 1 个,淀粉 50 克,面粉 20 克,料酒 15 克,葱姜汁 20 克,精盐 4 克,味精 2 克,十三香粉 1 克,胡椒粉 0.5 克,排骨精 3 克,花生油 700 克。

【制作工序】

(1)锅内加水烧开,下入鸡腿煮透捞出。

(2)鸡腿内侧扎些小孔,用料酒、葱姜汁、精盐、味精、十三香粉、胡椒粉、排骨精抹匀腌制入味。

(3)鸡蛋磕入碗内,加淀粉、面粉调成糊,再加花生油 10 克调匀。

(4)锅内倒入花生油烧至五成热,将鸡腿挂匀糊下入油中炸至熟透、皮酥捞出。

(5)鸡腿切成条装盘即可。

【菜肴特点】

鸡腿外酥里嫩,咸香味美。

【学习重点难点】

(1)煮制时要煮到酥烂脱骨,鸡腿在腌制时要入味。

(2)在炸制时要进行复炸。

实训三 酥海带

【原料配方】

主料:干海带 1500 克。

调料:肥猪肉 500 克,酱油 50 克,醋 50 克,白糖 100 克,香油 30 克,味精 5 克,蒜 50 克,料酒 40 克,葱段 100 克,姜片 100 克,精盐 50 克。

【制作工序】

(1)将海带放入大盆中,加入开水浸泡,涨发到 5 千克左右时,用清水冲洗几遍待用。将葱切段,姜切片,大蒜剥皮待用。

(2)将肥猪肉切成 1 厘米宽、7 厘米长的肉条。把海带铺在案板上,上面放切好的肉条一根,然后卷成直径 4 厘米的卷待用。

(3)将锅刷净,锅底放上竹箅子,把海带卷置其上,码好,一层一层地放葱段、姜片、净蒜,一共码放 3 ~ 4 层,最上一层盖上大白菜帮,然后将糖、味精、精盐、酱油、料酒、醋、香油倒入锅内。再按锅的大小添上汤,以没过海带卷为宜,然后盖严锅盖,放置火上烧开,用小火炖6个小时左右,待汤快干时连锅端下,晾凉后取出。

(4)食用前,将海带卷切成0.5厘米左右的圆片,码放在盘中即可(见图1-18)。

【菜肴特点】

色泽深棕褐色,口味咸甜微酸,松软可口。

【学习重点难点】

(1)海带发制时,不可涨发过大,否则成品不松软。

(2)锅底一定要垫竹算子,否则海带卷易煳锅,影响质量。

(3)海带卷肉时,一定要卷紧,否则肥肉易和海带分离。

图1-18　酥海带

任务十六　冷菜烹制方法——卷

任务描述

通过学习冷菜烹调方法"卷"和制作卷制菜肴的工艺流程,掌握卷制菜肴制作的关键和质量要求。

任务分析

通过学习,学生能够掌握卷制菜肴制作的技巧,独立完成卷制菜肴的制作。

相关知识

一、卷的概念和特点

卷是用片大薄形的原料做皮,卷入几种其他原料,经蒸、煮、浸、泡或油炸成菜的一种烹制方法。卷制菜肴取料广泛,菜品繁多。成品具有外观整齐、鲜香清淡的特点。卷制菜肴既可单独食用,又可拼摆花色冷盘。

二、卷的分类

(一)按使用原料分类

分为布卷、捆卷和食品原料卷三种。用布包扎原料的叫布卷;用细绳直接卷扎原料的叫捆卷;用蛋皮或其他可食原料卷成的叫食品原料卷。

(二)按熟制方法分类

分为蒸制类、油炸类和浸泡类三种。蒸制主要是外层用蛋皮、紫菜或菜叶包裹的卷,制作时将卷放入盘中上笼蒸熟即成。油炸主要是外层用肉片、面皮和紫菜等包裹的卷,制作时多将卷沾上一层用面粉、湿淀粉和蛋黄调成的薄糊,放在七成左右的热油中炸制,熟时捞出沥尽油即可食用。浸泡主要是外层用萝卜、胡萝卜、莴笋等包裹的卷,原料多是生料。

(三)按成品色泽分类

可分为单色卷和多色卷两种。

(1)单色卷:即成品的馅心只呈一种色彩的卷,色调单纯。多用作花色冷盘及特殊象形冷盘的装饰和点缀。

(2)多色卷:即成品的馅心是两种或两种以上色彩的卷。选择的原料都在两种以上,成品色彩和谐,对比明显,此卷多用于拼摆象形冷盘,如凤凰、孔雀等的尾部、身部和翅膀。

(四)按成型形状分类

可分为羽毛形卷和鸳鸯形卷,其种类与单色卷、多色卷相同,主要用于鸟类冷盘尾部的拼摆,或用于花色冷盘的装饰和点缀。

(1)羽毛形卷:主要用作拼摆孔雀、凤凰、锦鸡等象形冷盘的翅膀、身部,或用来装饰点缀花色冷盘。

(2)鸳鸯形卷:即如意卷,有两层含义,一是卷的两种原料呈不同色彩;二是卷的形状是鸳鸯状,主要用于花色冷盘的围边、点缀、装饰。

三、卷的操作要点

（1）卷制菜肴要卷得牢，扎得紧，粗细均匀，成品才能造型美观。

（2）需调味的，其腌制时间不宜过长，口味不宜过咸。卷在原料内部的馅心要细腻。

（3）不论何种蓉泥，吃浆必须适度。吃浆过多，料子稀，卷不成形；吃浆过少，料子稠，卷时摊不匀。

（4）火候要适当，防止过火而使成品失去应有的嫩度。

实训一　鸡肉蛋卷

【原料配方】

主料：鸡脯肉250克，紫菜2张。

调料：鸡蛋500克，葱10克，盐5克，味精3克，料酒3克，胡椒粉1袋，香油50克，水淀粉50克。

【制作工序】

（1）将鸡脯肉洗净，碎成细蓉，加入蛋清和水打匀，再加入盐、味精、料酒打匀，再加入香油、葱姜水和水淀粉拌均匀备用。

（2）将6个鸡蛋打匀加入水淀粉、盐拌匀，上锅，小文火吊蛋皮。

（3）将剩余的鸡蛋打碎，打散加入水淀粉调制糊备用。

（4）紫菜的面积大小应与鸡蛋皮面积大小差不多。

（5）底下放入蛋皮，去掉一个小边，把拌匀的蛋糊抹在蛋皮上，再将鸡蓉铺在蛋皮上，铺平，大小与整张紫菜一样，鸡蓉上面再抹一层鸡蛋糊，上面铺上紫菜，由底部往上卷，最后抹上一点蛋糊封口。用小刀在卷好的鸡肉蛋卷上面扎数刀放入

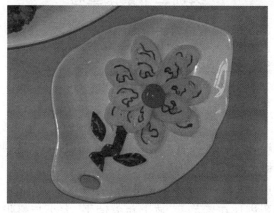

图1-19　鸡肉蛋卷

盘内,上屉蒸熟。

(6)晾凉,切片装盘(见图1-19)。

【菜肴特点】

黄白黑三色相间,口感软嫩。

【学习重点难点】

调鸡蓉时要硬一点,不要太软;吊蛋皮时蛋皮要大一些。

实训二 素 鸡

【原料配方】

主料:油皮400克。

调料:香油、料酒各25克,味精、盐各5克。

【制作工序】

(1)用50克清水和味精、料酒、盐兑成汁。把4张油皮叠在一起,放在汁内浸泡透,然后取出油皮,卷成卷,用细绳捆紧后压扁约3厘米宽。

(2)把油皮卷放在搪瓷盘中,上面用干净的重物压上。然后上笼用旺火蒸约15分钟,取出晾凉,刷上香油,用原汁泡上。食用时以斜刀切成厚片即可。

【菜肴特点】

以素仿荤,色泽金黄,风味独特。

【学习重点难点】

制作素鸡必须卷紧、捆紧、煮透,成品要软中带硬,味似鸡肉。

实训三 紫菜鱼卷

【原料配方】

主料:净鱼肉250克,鸡蛋50克。

调料:盐5克,味精3克,料酒3克,胡椒粉1袋,香油50克,水淀粉50克,葱10克,紫菜2张。

【制作工序】

(1)将鱼肉洗净,碎成细蓉,加入蛋清和水打匀,再加入盐、味精、料酒打匀,再加入香油、葱姜水和水淀粉拌均匀备用。

(2)紫菜修剪成大小25厘米左右的正方形。

(3)把拌匀的蛋糊抹在紫菜上,放上鱼蓉铺平,大小与整张紫菜一样,鸡蓉上面再抹一层鸡蛋糊,由底部往上卷,最后抹上一点蛋糊封口。用小刀在卷好的鱼肉卷上面扎数刀放入盘内,上笼蒸熟。

(4)晾凉,切片装盘(见图1-20)。

【菜肴特点】

黑白相间,层次分明,口感软嫩。

【学习重点难点】

调蓉时要硬一点,不要太软,否则在切制时容易散。

图1-20 紫菜鱼卷

任务十七 冷菜烹制方法——冻

任务描述

通过学习冷菜烹调方法"冻"和制作冻制菜肴的工艺流程,掌握冻制菜肴制作的关键和质量要求。

任务分析

通过学习,学生能够掌握冻制菜肴制作的技巧,独立完成冻制菜肴的制作。

相关知识

冻也称水晶,是指用含有胶质的原料如猪肉皮、琼脂(又称石花菜、冻粉等)的胶质蛋白经过蒸或煮制,使其充分溶解,过滤后倒入成熟的原料中,待冷却后凝固成菜的一种制作方法。我国北方用得较多,在南方也得到广泛的应用。由于季节不同,选用烹饪原料也不一样,夏季多用含脂肪少的原料制作,如冻鸡、冻虾仁等;

冬季则用含脂肪多的原料制作,如水晶猪蹄等。冻制冷菜具有晶莹透明、软嫩滑润、清凉爽口、造型美观的特点。

一、冻的分类

（一）按口味分类

根据口味不同,冻可分为咸冻、甜冻两种。咸冻是以精盐、味精等作为主要调味品,口味呈咸鲜味。甜冻是以白糖、食用香精等为主要调味品,口味呈甜味。

（二）按制作方法分类

冻按制作方法分蒸和煮两类。一般认为蒸法为优,冻制菜品通常的质量要求是:清澈晶亮,软嫩鲜醇。蒸在加热过程中利用蒸汽传导热量;而煮则是利用沸水的对流作用传导热量。蒸可以减少食材水分,从而使冷凝后的冻更清澈、更透明。

（三）按使用原料分类

1. 皮胶冻法

是将猪皮熬制成胶质液体,并将其他原料混入其中(通常有固定的造型)冷凝成菜的方法。

在实际操作过程中,根据加工方法的不同又分为花冻成菜法和调羹成菜法。

（1）花冻成菜法:是将洗净的猪皮加水煮至极烂,捞出制成蓉泥状或取汤汁去皮,加入调味品,淋入蛋液,也可掺入干贝末、熟虾仁细粒,并调以各种蔬菜细粒,后经冷凝成菜。成品具有美观悦目、质韧味爽的特点。如五彩皮糕、虾贝五彩冻等。

（2）调羹、盅碟成菜法:是指在成菜过程中需要借助于小型器皿如调羹、盅、碟或小碗等。制作时,猪皮洗净熬成皮汤,取盅碟等小型器皿,将皮汤倒入其中,放入加工成熟的鸡、虾、鱼等无骨或软骨原料,按一定形状摆放,经冷凝成菜。用此法加工的冻菜,一般都宜将原料加工成丝状或小片、细粒等。调味也不宜过重,以轻淡为主。此法在行业中使用较普遍,如水晶鸡丝、水晶鸭舌等。

冻成菜的先决条件是皮冻的制作。首先是所用肉皮必须彻底洗净,应达到无毛、无杂质、无油脂的要求。在正式熬制前先将肉皮焯水,后将肉皮内外刮净,清洗后改成小条状,倒入锅内熟烂。其次熬制成汤时,要掌握好皮汤中肉皮与水的比例,以 1:4 为宜。若汤水过多,则冻不结实;若汤水过少,则胶质过硬,韧性太强。皮汤凝结后一般以透明或半透明为好,所以在熬汤时除了用盐、味精、葱段及姜块及少量料酒外,一般不用有色调味品和香辛料,防止因使用有色调味品而影响冻的成色。皮冻熬好后,根据成菜要求,添加所需调味品。

2. 琼脂冻法

琼脂冻法是指将琼脂掺水煮或蒸溶后,浇在经过预熟的原料上,冷却后成菜的一种方法。琼脂冻与皮冻比较,具有不同的质地和口感。通常情况下,琼脂冻较为脆嫩,缺乏韧性,所以一般用于甜制品,有时也用于花色冷盘的衬底或掺入其他原料做冷菜的刀面原料。琼脂冻类的菜品操作比较简便,成菜具有色泽艳丽、清鲜爽口的特点。琼脂冻的操作要领体现在以下几个方面:所用琼脂一般为干品,使用前用清水浸泡回软后,洗干净,再放清水中煮化或蒸溶。若是制作甜品,可不加水,掺入冰糖蒸制,待琼脂及冰糖溶化后倒入事先备好的容器中冷凝成形。要掌握好琼脂及水的比例。水加多了成品不宜凝结;水加少了,冻质老易于干裂,口感欠佳。琼脂与水的比例一般控制在 1:10 左右为宜。

根据用途不同,琼脂在熬制过程中可适量添加一些有色原料,以丰富菜品色彩。如做"海南晨曲",可将绿色素加入到熬制的琼脂中搅匀,倒于盘中使之冷凝,近似于海水;也可将可可粉或咖啡调入琼脂中,使之凝结成褐色的冻用于花色冷盘。

琼脂冻类菜品通常要借助于一定的成形器皿来完成,例如葡萄琼脂冻、牛奶琼脂果杯等。

另外,近年来也常用鱼胶制作冻类冷盘。用鱼胶制作冷盘材料,更多地适宜味较浓烈或色较重的菜品,如辣香鱼冻、果味鱼冻等。

二、冻的操作要领

(1)制作冻汁所用的猪肉皮或琼脂和水的比例要恰当,不宜太稠或太稀,以免影响冻的嫩度。

(2)点缀时,配料的色泽要鲜艳,浇主原料的汤汁不要太烫,否则影响色泽。

(3)必须选择肉质嫩的原料为主料。

(4)用调制的冻汁浇入熟制原料时,一定要让冻汁浇满原料的空隙,才能保证成品质量。

冻制菜品是冷菜制作中常见的一种形式。适合于冻制成菜的原料很广泛,通常大多数无骨、细小的动物性原料适宜皮胶冻法;大多数植物性原料特别是水果类原料适用于琼脂冻法,其常见菜品有水晶马蹄、双色水果杯、水晶西瓜球等。

实训一　水晶肘子

【原料配方】

主料:猪前蹄膀 5 千克。

调料:大茴香 10 克,生硝 5 克,明矾 5 克,花椒 10 克,生姜 40 克,大葱 5 克,精盐 1 千克,白糖 20 克,黄酒 400 克,香醋 20 克。

【制作工序】

(1)将猪蹄膀去毛,刮洗干净,逐只用平刀划开,剔去骨,皮朝下放案板上,用铁签在瘦肉上扎些小孔,每只均匀地撒上盐,揉匀擦透。放入缸中腌制,最上面一层皮朝上,腌制的时间和用盐量因季节而异,常温下腌制 24 小时。腌好后出缸,先用冷水浸泡 2 小时,去掉涩味,再用温水洗刷,直到肉质洁白鲜艳。

(2)锅上火,倒入水 6000 克、盐 500 克,烧开后撇去浮沫,将猪蹄膀皮朝上放入锅中,最后一层肉皮朝下,加入包好花椒、大茴香、葱、姜的调料包和黄酒、白糖,上放一竹垫,压上装满清水的清洁重物,用大火烧开后,转小火煮 60 分钟后,上下翻一次,再煮 90 分钟,至九成烂出锅,捞出调料包,汤汁留用。

(3)将出锅的猪蹄膀皮朝下放入不锈钢深层托盘中平压 20 分钟,将锅内的汤汁烧开,撇清浮油,再沸去浮沫,过滤后舀入托盘内,填满空隙,继续压平,凉后便凝成咸冻,切成薄片。食用时用姜丝、香醋蘸食(见图 1-21)。

【菜肴特点】

此菜肉色鲜红,光滑晶莹,冻卤透明,肉质醇香,佐以姜丝、香醋食用,风味独特。

【学习重点难点】

(1)肘子一定要煮得够火候,软烂才好,味道微咸即可。

(2)汤汁如果不浓可以再放入一些肉皮同煮。

图 1-21 水晶肘子

实训二 水晶虾仁

【原料配方】

主料:虾仁 500 克。

调料:琼脂 30 克,精盐 200 克,味精 4 克,火腿 20 克,胡萝卜 20 克,香草叶 10 克,葱段 15 克,姜片 12 克,黄酒 20 克,鸡蛋 1 个,生粉 20 克,鸡汁 400 克。

【制作工序】

(1)将虾仁漂洗干净,沥干水分,加入精盐、味精、黄酒、蛋清、生粉拌和上浆。锅置于火上,倒入油烧至 120℃,放入虾仁滑油至成熟待用。

(2)琼脂用冷水浸泡回软,火腿、胡萝卜均切成菱形片,用沸水略烫。取小碗 10 只,将火腿片、胡萝卜、香菜分别放在碗底拼摆成花朵形,把虾仁放入碗内与碗口平。

(3)不锈钢锅置于火上,加入适量鸡汤和琼脂烧至融化,再加入精盐、味精,撇去浮沫晾凉,分别倒入碗中,汁与虾仁平,凉透后翻于盘中即可食用。

【菜肴特点】

晶莹透明,形美而滑润。

【学习重点难点】

(1)虾仁烫至断生即可,否则影响口感。

(2)琼脂放足量的水蒸至融化后再过箩,成品质量会更好。

实训三　水晶菠菜

【原料配方】

主料:菠菜 500 克。

调料:盐 10 克,味精 2 克,大葱 15 克,姜 15 克,花椒 5 克,料酒 25 克,猪肉皮 370 克。

【制作工序】

(1)猪肉皮洗净,锅里烧开水,倒一些料酒进去,然后把猪肉皮放进去,用开水焯 10 分钟左右。

(2)把猪肉皮捞起来,把肉皮上白色的油和猪毛处理干净。

(3)处理好的猪肉皮切成小条,用水再次清洗干净。

(4)把猪肉皮倒在大碗里,放入大约 1.5 倍的清水,再放花椒、姜片、大葱和料酒。放入蒸锅,水开后蒸 2 个半小时左右。

(5)把菠菜清洗干净后焯水过凉。

(6)将菠菜挤干水分后调味,平铺在托盘上。

(7)肉皮汤过滤后调味,徐徐注入托盘中。

(8)放入冰箱冷藏至凝固即可装盘食用。

【菜肴特点】

颜色碧绿,晶莹透明,是夏季凉爽小菜。

【学习重点难点】

猪肉皮一定要处理干净,这样做出来的皮冻才会清爽透明。

任务十八　冷菜烹制方法——炸收

任务描述

通过学习冷菜调方法"炸收"和制作炸收菜肴的工艺流程,掌握炸收菜肴制作的关键和质量要求。

任务分析

通过学习,学生能够掌握炸收菜肴制作的技巧,独立完成炸收菜肴的制作。

相关知识

一、炸收的概念与特点

炸收又称油焖五香。炸收是将经清炸或干煸后的半成品入锅,加调料、鲜汤,用中火或小火焖烧,最后用旺火收干汤汁,使之收汁亮油、回软入味成菜的一种烹制方法。此法适用于新鲜程度高、细嫩无筋、肉质紧实的家畜、家禽、水产品及豆制品、笋类等原料。炸收的菜品具有色泽油亮、质地柔软、香味浓郁的特点。

二、炸收的操作要点

(1)热处理与刀工炸收的原料有生有熟,熟料应在煮沸后捞出晾凉,再经刀工、调基础味、油炸处理。热处理时,原料不宜太小也不宜太大,油炸的程度不要太干,应呈滋润酥香的程度,才有良好的质感效果。

(2)调基础味的调味品主要有精盐、白酒、料酒、酱油、葱、姜等,不宜用白糖、蜂蜜、醪糟汁、甜酒等糖分重的调料,防止油炸抢火上色。此外,基础味应淡些。

(3)油炸生料的油温宜高,火力宜大,以达到外酥里嫩、炸去表面水分的目的。油炸熟料宜用中火,以达到松酥滋润、外酥里嫩的效果。炸制用油一律用植物性油脂。容易粘连的原料,可用油拌一下再入油锅炸制,避免相互粘在一起。

（4）调味品、汤汁应一次加足，中途不宜加调味品和汤汁。收汁时要用旺火收干汤汁，不应勾芡。

（5）为使菜肴油润光亮，装盘前应将菜肴与原汁拌和，同时使其着味均匀。

实训一 叉烧肉

【原料配方】

主料：猪上脑肉 500 克。

调料：盐 10 克，味精 5 克，糖 150 克，葱段 50 克，姜片 50 克，料酒 15 克，白酒 20 克，香油 10 克。

【制作工序】

（1）将上脑肉改刀成小块，放入盐、味精、白酒、葱段和姜片的一半。腌制约 30 分钟后上火炸至枣红色。

（2）炒锅上火，加底油，放糖炒成糖色，加汤、盐、味精、糖、料酒、肉块，小火烧入味，旺火收汁。汁浓后放入香油拌匀。

（3）凉后改刀装盘（见图 1-22）。

【菜肴特点】

味香醇，甜咸适口，色泽红润。

【学习重点难点】

烧制时注意菜肴颜色的变化，防止收汁时变色。

图 1-22 叉烧肉

实训二　五香鱼

【原料配方】

主料:草鱼肉 700 克。

调料:酱油 50 克,黄酒 20 克,葱段 10 克,姜块 15 克,八角 10 克,桂皮 8 克,五香粉 10 克,精盐 20 克,味精 2 克,白糖 100 克,香醋 100 克,色拉油 1500 克(实耗 140 克)。

【制作工序】

(1)将草鱼肉斜片成 1.5 厘米厚大片,放入盘内加入酱油、黄酒、葱段、姜块、五香粉腌制 2 小时,取出晾干。

(2)锅置于火上,倒色拉油烧至 160℃左右,放入草鱼肉片炸至外酥,捞出沥干油分。

(3)锅内留底油,放入葱段、姜块、八角、桂皮、五香粉、清水、白糖、精盐、味精、香醋和炸过的草鱼肉片,用中火收稠卤汁即可食用(见图 1－23)。

【菜肴特点】

肉质鲜嫩,甜咸口味,五香浓郁。

【学习重点难点】

(1)鱼片宜炸稍硬,煨制时成形不碎。

(2)武火烧开,文火慢火靠,使味汁收入肉内,酥透为止。

图 1－23　五香鱼

实训三　杏干肉

【原料配方】

主料:猪通脊肉 500 克。

调料:杏干 15 克,乌梅汁 15 克,白糖 50 克,白醋 15 克,盐 5 克,黄酒 10 克,葱段 5 克,姜片 5 克,番茄酱 15 克。

【制作工序】

(1)将猪通脊肉切成铜钱大小薄厚均匀的片。

(2)将肉片放入容器中,放入盐、黄酒、葱段、姜片,腌制 30 分钟。

(3)锅上火烧热油,下入肉片炸成浅金黄色捞出。

(4)另用一锅,放入油烧热,下番茄酱、葱段、姜片,煸出香味,放入肉片,烹入料酒、白醋,加入清水和杏干、乌梅汁,烧开后再放盐、白糖。

(5)锅开后,转小火烧制,汁收浓后出锅。

(6)晾凉后装盘(见图 1 - 24)。

【菜肴特点】

颜色红亮,口味酸中带甜,入口细品,有杏干味,香润适口。

【学习重点难点】

此菜也可以不用番茄酱而用糖色,以求菜的颜色诱人。

图 1 - 24　杏干肉

任务十九　冷菜烹制方法——蒸

任务描述

通过学习冷菜烹调方法"蒸"和制作蒸制菜肴的工艺流程,掌握蒸制菜肴制作的关键和质量要求。

通过学习,学生能够掌握蒸制菜肴制作的技巧,独立完成蒸制菜肴的制作。

一、蒸的概念与特点

蒸法用于冷菜中有两个方面:一是特殊材料的制作,加工成形;二是常用材料的制作加工。

将初步调味成形的原料置于容器中,用蒸汽加热的方式使原料成熟、定型的方法称为蒸。蒸制菜品的原料以动物性原料为主,植物性原料为辅。其料形一般以蓉、块、片以及经过加工成特殊形态的居多。蒸制菜的关键在于火候。一般要求是旺火沸水蒸制。根据成菜要求,可采用放汽蒸与不放汽蒸两种形式进行加工。

二、蒸的分类

(一)放汽蒸

所谓放汽蒸,就是在蒸制过程中,防止因汽过足而使菜品疏松而呈空洞结构,影响成品的口感,而在蒸制过程中放掉一部分蒸汽,仅使一部分蒸汽作用于原料,将原料加工成熟。这种方法适用于蓉泥状及蛋液类原料,诸如双色鱼糕、蛋黄糕、蛋白糕等。

(二)不放汽蒸

所谓不放汽蒸,就是蒸制过程中,使充足的蒸汽完全作用于原料,从而使原料成熟。这种蒸法的原料往往具有一定的形状,它们不会因为蒸汽充足而变形或起孔,能够较好地保持原有的形状。此法适用于具有一定形态的原料及一些经过辅制的原料的制作。如如意蛋卷、相思紫菜卷、旱蒸咸鱼等。

蒸法尽管不是一种常用的冷盘材料的制作方法,但蒸法在冷盘材料制作中的作用却很大。很多的冷盘刀面材料,特别是一些花色冷盘的刀面材料,都需要通过蒸法成形,因而蒸法在冷盘制作中具有重要的地位。

实训一　三色蒸蛋

【原料配方】

主料:皮蛋 2 个,咸蛋 2 个,鸡蛋 4 个。

调料:盐 5 克。

【制作工序】

(1)皮蛋去壳切片,咸蛋去壳切片,鸡蛋去壳后将蛋黄与蛋白分开,备用。

(2)取一容器铺上保鲜膜,将皮蛋片、咸蛋片铺入容器中。

(3)将蛋白倒入容器中,放入蒸笼中以大火蒸约 5 分钟。

(4)再将蛋黄倒入容器中,转中火蒸约 20 分钟。

(5)蛋白、蛋黄凉后,切片摆盘并淋上美乃滋即可。

【菜肴特点】

色彩鲜艳,造型别致,营养丰富。

【学习重点难点】

(1)蒸蛋时要掌握好火候,以免蒸蛋变硬。

(2)咸蛋本身带有咸味,所以鸡蛋液中只需加少量的盐。

实训二　豉汁蒸凤爪

【原料配方】

主料:凤爪 500 克。

调料:油 500 克,生抽酱油 15 克,老抽酱油 5 克,八角 2 克,胡椒粉 2 克,五香粉 5 克,豆豉 25 克,料酒 15 克,糖 15 克,芝麻油 5 克,红辣椒 10 克,蒜泥 5 克,生粉水少量。

【制作工序】

(1)凤爪去指甲,然后用开水飞水。

(2)飞水后的凤爪用厨房纸吸干水分(避免油炸时油外溅)。

(3)用大火油炸凤爪至金黄色。

(4)炸好凤爪放入冷水中浸泡 1 小时,目的是冷热交替,达到使凤爪表皮起皱的效果。

(5)用卤水汁(使用生抽酱油、老抽酱油、八角、胡椒粉、五香粉等多种材料熬成的汁)煮凤爪,要完全入味。

(6)将煮好的凤爪加入豆豉、料酒、糖、芝麻油、红辣椒、蒜泥和少量生粉水,上锅蒸 20 分钟即可。

【菜肴特点】

凤爪红香酥软,一吮即脱骨,酱料入味,齿颊留香。

【学习重点难点】

(1)切凤爪时,一定要用直刀,配合适中的力道,这样凤爪的骨头才会断得干净利落。

(2)在炸制凤爪前,一定要将凤爪充分晾干或擦干,否则会有油星外溅的危险。

(3)炸制凤爪的时间一定要控制好,时间短了肉质不易烂,时间长了肉质又会变得干硬。

能力测评

一、填空题

1. 烹饪原料经过腌制、( )、刀工处理后凉吃,或进行盐渍调味后凉吃,都叫冷菜。

2. ( )是将烹饪原料经过加工制成冷菜后,再( )的一门技术。

3. ( )便有天子常规饮食以冷食为主的记载。

4. 随着生活水平的不断提高,我国冷菜与拼摆已从平面发展到( )形式。

5. 拌的菜肴一般具有( )的特点。

6. 拌的操作顺序是( )、( )、( )、( )。

7. 拌的分类( )、( )、( )、( )、( )。

8. 炝的分类( )、( )、( )。

9. 焯炝是指( )。

10. 糟是将处理过的( )或( ),用糟卤等调味品浸渍,使其成熟或增加糟香味的一种烹制方法。

11. 原料未经热处理直接糟制,经过数小时乃至数天、数月入味后,再加热制成菜品的烹制方法即( )。

12. ( )是将原料热处理后糟制,经浸腌入味再改刀装盘成为菜品的烹制方法。

13. 醉是把原料用以( )为主要调料的味汁浸渍原料制成菜品的一种方法。

14. 酱是将腌制后的( )经水焯或油炸,放入酱汁中用大火烧开,转用中、小火煮至熟烂捞出即可。

15. 酱制法分为( )和( )两大类。

16. 特殊酱有( )、( )、( )。

17. 泡的原料要( ),洗净后必须晾干方可泡制。

18. 泡制时间应根据泡卤的咸淡而定,一般是冬季( )夏季( ),味重的

（　　）味淡的。

19.卷按使用原料的不同,分为（　　）、（　　）和（　　）三种。

20.冻成菜的先决条件是（　　）的制作。

21.琼脂学名石花菜,俗称（　　）。

22.（　　）适用于新鲜程度高、细嫩无筋、肉质紧实的家畜、家禽、水产品及豆制品、笋类等原料。其制作出的菜品具有色泽油亮、质地柔软、香味浓郁的特点。

23.蒸法用于冷菜中有两个方面,一是（　　）;二是（　　）。

二、单项选择题

1.腌以精盐、酒、（　　）为主要调味品。

A.酱油 　　　　B.料酒 　　　　C.味精 　　　　D.糟卤

2.腌的分类,常用的有（　　）、酱腌、糟腌、醉腌、糖醋腌、醋腌。

A.水淹 　　　　B.油腌 　　　　C.汤腌 　　　　D.盐腌

3.酱是将原料用（　　）、黄酱等浸渍的腌制方法。

A.酱油 　　　　B.甜面酱 　　　C.辣酱 　　　　D.叉烧酱

4.醉,以（　　）为主要调味品。

A.葡萄酒 　　　B.料酒 　　　　C.盐 　　　　　D.优质白酒

5.糖醋汁的熬制要注意比例,一般是（　　）。

A.1:1 　　　　　B.4:1 　　　　　C.2:1 　　　　　D.5:1

6.原料经清洗醉腌后,直接食用的一种烹制方法是（　　）。

A.生醉 　　　　B.熟醉 　　　　C.酒醉 　　　　D.腌醉

7.生醉通常（　　）天。

A.1～2 　　　　B.4～5 　　　　C.2～3 　　　　D.3～7

8.卤是将加工后的原料放进卤水中加热,使其吸收卤味并加热（　　）而成菜的烹调方法。

A.煮 　　　　　B.腌 　　　　　C.焖 　　　　　D.至熟

9.卤汤（　　）,锅中用大火烧开,改用小火加热至调味汁渗入原料,使原料成熟或至酥烂时离火,将原料提离汤锅。

A.最好是老卤 　B.最好是新卤 　C.最好是汤汁 　D.卤制的汁液

10.卤制完毕的材料,冷却后宜在其外表涂上（　　）,一来可增香,二来可防止原料外表因风干而收缩变色。

A.汤汁 　　　　B.油 　　　　　C.水 　　　　　D.辣油

11.白煮是将加工整理的肉类原料放入清水锅或白汤锅内,不加任何调味品,先用旺火烧开,再转用（　　）煮焖成熟的一种方法。

A.小火 　　　　B.大火 　　　　C.中火 　　　　D.旺火

12. 白煮的特点是( )、省时省力。

A. 操作复杂   B. 制作简单   C. 便于食用   D. 节约用料

13. 盐水煮制盐与水的比例一般为( )。

A. 1:30   B. 2:5   C. 3:30   D. 1:20

14. 风制法一般有( )和鲜风两种,大都在秋末冬初进行。

A. 吹风   B. 挂风   C. 腌风   D. 刮风

15. 腊制品是我国传统的风味制品,由于腊制品一般在农历( )与立春之间才进行大量制作。

A. 立冬   B. 大雪   C. 小雪   D. 立夏

16. 冻在熬制成汤时,要掌握好皮汤中猪肉皮与水的比例以( )为宜。

A. 1:4   B. 2:4   C. 3:4   D. 1:1

17. 琼脂与水的比例一般控制在( )左右为宜。

A. 1:10   B. 2:10   C. 3:10   D. 4:10

18. 琼脂都要加( )熬制成菜。

A. 油   B. 水   C. 鸡汤   D. 小苏打

19. 琼脂冻较为脆嫩,缺乏韧性,所以一般用于( )的制作。

A. 面点   B. 冷盘   C. 炒菜   D. 甜制品

20. 用( )熬制成胶质液体,并将其他原料混入其中(通常有固定的造型),使之冷凝成菜的方法称为皮胶冻法。

A. 猪肉皮   B. 鱼皮   C. 驴皮   D. 琼脂

三、多项选择题

1. 焯滑炝具有( )的特点。

A. 原料多   B. 质感各异   C. 荤素搭配   D. 色彩丰富

E. 颜色光彩

2. 焯炝是指原料经刀工处理后,用沸水焯烫至断生,然后捞出控净水分,趁热加入( )等调味品,调制成菜,晾凉后上桌食用。

A. 花椒油   B. 精盐   C. 味精   D. 酱油

E. 醋

3. 糟料分为( )三种。

A. 红糟   B. 香糟   C. 糟油   D. 酒糟

E. 醪糟

4. 蓑衣黄瓜的汁在制作时要加入( )调味品。

A. 盐   B. 味精   C. 糖   D. 料酒

E. 白醋

5. 炝拌笋丝要用的调料是(　　)。

A. 鸡精　　　　　B. 生抽酱油　　　　C. 白醋　　　　　D. 胡椒粉

E. 蚝油

6. 红卤的原料有(　　)等。

A. 红酱油、红曲米　　　　　　　　B. 黄酒、葱、姜、冰糖

C. 小茴香、桂皮、草果　　　　　　D. 盐、味精、大茴香、花椒、丁香

E. 蚝油、虾子、黄酱

7. 盐卤水需要加入(　　)等加水熬成。

A. 盐、味精、葱　　　　　　　　　B. 姜、料酒、桂皮

C. 大茴香、花椒　　　　　　　　　D. 料酒、山楂、孜然

E. 糖、老抽酱油、红曲米

8. 常见卤制品种有(　　)等。

A. 卤猪肝　　　　B. 卤鸭舌　　　　　C. 盐水鸭　　　　D. 卤香菇

E. 卤黄花

9. 卤法操作的关键是(　　)。

A. 调制卤汤　　　　　　　　　　　B. 投放原料

C. 旺火烧开改小火　　　　　　　　D. 成熟后捞出冷却

E. 火候大小

10. 熟醉原料加工成(　　)形状。

A. 丝　　　　　　B. 片　　　　　　　C. 条　　　　　　D. 整料

E. 末

11. 根据烤炉、烤箱的形式和操作方法的不同,分(　　)。

A. 暗炉烤　　　　B. 烤箱烤　　　　　C. 明炉烤　　　　D. 挂炉烤

12. 熏是将腌渍入味的或经过(　　)等热处理的熟料,放入熏制的容器内,利用熏料封闭加热成菜的一种烹制方法。

A. 生料　　　　　B. 蒸　　　　　　　C. 煮　　　　　　D. 炸

E. 烙

13. 常用的熏料有(　　)等。

A. 茶叶、大米、锅巴　　　　　　　B. 柏枝、花生壳、核桃壳

C. 木屑、稻草、锯末、食糖　　　　D. 酱油、盐

E. 木炭、泥

14. 烤适用于鲜嫩的(　　)等大块和整形的动物性原料。

A. 禽畜　　　　　B. 野味　　　　　　C. 鱼类　　　　　D. 羊肉

E. 牛肉

15. 烤制菜品具有( )的特点。

A. 色泽红亮　　　B. 表皮酥脆　　　C. 肉质鲜嫩　　　D. 本味浓重

E. 干香不腻

16. 适用于放汽蒸的菜品是( )。

A. 相思紫菜卷　　B. 旱蒸咸鱼　　　C. 双色鱼糕　　　D. 蛋黄糕

E. 蛋白糕

17. 炸收的操作要点是( )。

A. 热处理与刀工　　　　　　　　　B. 调基础味

C. 油炸　　　　　　　　　　　　　D. 调味品、汤汁的添加

E. 调味装盘

18. 水果类原料适用于琼脂冻法,常见菜品有( )。

A. 水晶马蹄　　　B. 双色水果杯　　C. 水晶西瓜球　　D. 水晶肘子

E. 果味鱼冻

19. 冻的分类为( )。

A. 皮胶冻法　　　B. 琼脂冻法　　　C. 鱼胶冻法　　　D. 水果冻法

E. 植物性冻法

四、判断题

1. 焯滑炝是将经焯水和划油的两种或两种以上的原料,混合在一起调制的方法。 (　　)

2. 炝是把切成的小型原料,用沸水煮熟趁热加入各种调味品调制成菜的一种烹调方法。 (　　)

3. 温拌属于生熟拌的转变法。 (　　)

4. 清拌是拌菜中的高档菜肴,原料质量要求严格,品种少。 (　　)

5. 老卤的保质是卤制菜品成功的一个关键。 (　　)

6. 所谓老卤,就是经过长期使用而积存的汤卤。 (　　)

7. 老卤的保存应当做到定期清理。 (　　)

8. 原料放入卤汤前通常要经过焯水或油炸,一来可去除原料的异味,二来油炸可使原料上色。 (　　)

9. 卤汤分为红卤和白卤。 (　　)

10. 酱汁酱法又称焖汁酱、煮酱法。 (　　)

11. 泡制是以时鲜蔬菜及应时水果为原料,经初步加工,直接用多量调味卤汁浸泡成为菜品的一种烹制方法。 (　　)

12. 盐水煮把加工整理后的原料放入盐水中焯煮成熟或将余煮成熟的原料放入盐水味汁中浸泡入味的一种烹制方法。 (　　)

13. 风制是将原料用椒盐等调味品腌制后,挂在避阳通风处,经较长时间的风吹,使原料产生特殊的芳香味,食用时蒸或煮使其成熟的一种烹制方法。 (   )

14. 酥制是将原料用油炸酥或投入汤内,加以醋为主的调料,用小火焖制酥烂的烹调方法。 (   )

15. 冷菜拼摆装盘具有干香、脆嫩、鲜醇、多味、不腻的特点。 (   )

16. 卷按成品色泽可分为单色卷和多色卷两种。 (   )

17. 冻制按制作的方法分蒸和煮两类。一般认为煮法为优。 (   )

18. 炸收菜品的原料以动物性为主,植物性为辅。 (   )

19. 炸收熟料的油温宜高,火力宜大,以达到外酥里嫩、炸去表面水分的目的。油炸熟料的火力宜用中火,以达到松酥滋润、外酥里软的效果。 (   )

20. 琼脂冻类菜品若无特殊用途,不需要借助于一定的成形器皿来完成。
(   )

21. 酱牛肉制成单拼盘冷盘,每一片原料都必须整齐均匀、起伏平整。这是遵循了对称均衡的原则。 (   )

五、简答题

1. 简述生拌的概念。

2. 简述熟拌的概念。

3. 简述水焯的操作方法。

4. 简述勺拌的方法。

5. 炝的概念是什么?

6. 简述糟鸡的制作工序。

7. 简述醉蟹的制作工序。

8. 简述卤香菇的制作工序。

9. 怎样掌握卤制火候?

10. 腊鸭的制作工序有哪些?

11. 风鸡的制作工序有哪些?

12. 酱的概念是什么?

13. 泡的概念是什么?

14. 酱牛肉的制作工序有哪些?

15. 试述卷的分类,并尝试制作鸡肉蛋卷。

16. 利用所学知识,尝试制作水晶肘子。

17. 简述炸收的操作要点。

模块三　冷菜的装盘

　　本模块是"模块二冷菜的烹制方法"的后续内容,学生通过学习本模块,可了解冷盘拼制的艺术要求,掌握一般冷盘拼制的特点和形式,熟练掌握一般冷盘、花色冷盘的拼制方法。

　　通过学习,学生能够掌握装盘的技巧,独立完成拼盘菜肴的制作。

　　冷盘的构图设计即使再完美,如果拼摆时没有掌握正确的步骤或准确的拼摆方法,也很难达到预期的目的和效果。因此,掌握冷盘拼摆装盘的基本原则和基本方法是非常重要的。

　　冷菜拼摆装盘,是指将加工好的冷菜,按一定的规格要求和形式,进行刀工切配处理,再整齐美观地装入容器的一道工序。

任务一　冷菜拼摆的分类、方法及要求

任务描述

　　介绍冷菜拼摆的分类方法和制作要求。

任务分析

　　通过学习,学生可了解冷菜拼摆的分类方法,掌握冷菜拼摆的原则和制作方法。

相关知识

一、冷菜拼摆的分类

　　冷菜拼摆按容器的形式大致可分为单盘、拼盘(两种或两种以上的冷菜拼装在一个盘内)和艺术冷盘三种类型。

(一)单盘

　　单盘又称独盘、独碟,是指每个盘中装一种冷菜原料,这是最普遍的一种装盘类型。单盘虽然只用一种冷菜,但这并不意味着只是简单地把冷菜放入盘内,往往需要运用多种刀法和刀技,加工成一定形状,摆成各种式样,如馒头形、菱形、桥梁形、花朵形等。

（二）拼盘

拼盘是指将两种或两种以上的冷菜拼装在一个盘内。一般分双拼盘、三拼盘、什锦拼盘等。

1. 双拼盘

双拼盘又称对拼、两拼，是把两种不同的冷菜装在一个盘里。双拼装盘讲究刀工整齐，两种冷菜色泽对比明快和谐，口味要有差异，形式多种多样。有的将两种冷菜各装一半，互相对称；有的将一种冷菜装在中间，另一种冷菜围在四周，或摆在上面；还有的先将一种冷菜像单盘一样装好，另一种冷菜在旁边围成花形或图案等。

2. 三拼盘

三拼盘就是把三种不同颜色、不同口味、不同原料制成的冷菜装在一个盘内，形成一个完美组合的整体。三拼盘要求冷菜的色彩、刀工、口味、数量的比例和拼摆的角度等方面安排恰当，其技术难度要比双拼复杂一些，其式样有三角形、馒头形、桥梁形、菱形、花朵形等。至于四拼盘、五拼盘等都属于同一类型，拼装的原理一样，只是多了几种冷菜，拼摆的手法要比三拼盘复杂一些。

3. 什锦拼盘

什锦拼盘是将多种不同的冷菜，经过刀工处理拼摆在一只大盘内，这种拼盘比前几种的拼盘技术难度更大，它讲究刀工精细，色彩协调，口味搭配合理，数量比例恰当，器皿选择合适，拼盘图案悦目，造型整齐美观。其式样有圆形、几何图形、五角星形、花朵形等。什锦拼盘给人一种心旷神怡的感觉。

（三）艺术冷盘

艺术冷盘又称花色冷盘、象形冷盘等。这种冷盘经过精心构思后采用多种冷菜原料，运用不同刀工和技法，拼摆成各种动物类、植物类、器物类、景观类等图案的形状。其形式有平面图案、立体图案、半立体图案等。其特点是制作难度大、艺术水平高、技术性强，要求色彩鲜艳、形态逼真、口味多样、图案新颖、食用性强，一般多用于高级宴席。艺术冷盘能在给人饮食的同时享受一种艺术的美，对烘托宴席气氛、增进食欲起到积极的作用。

冷菜拼装时不但要考虑每只冷盘的美观，而且还要考虑几只冷盘同放在一张餐桌上的协调，要求每盘冷菜除色泽、口味、形状不相同外，其分量必须大致相等。

二、冷菜拼摆的式样

随着人们生活水平的提高和审美观念的增强，对冷盘的要求越来越高，冷菜拼摆的式样也越来越多。由于地区不同、菜系不同、饮食习惯不同，表现的手法也不尽一样，冷菜拼摆常见的式样有如下几种。

（一）馒头形

馒头形又称半圆形,就是将冷菜装入盘中,形成中间高、周围较低的馒头形状,这是宾馆饭店最常见的一种装盘式样,多用于单盘,如装油鸡、拌干丝等。

（二）四方形

四方形又称"官印形",就是将冷菜经过刀工处理后,在盘内拼摆成线条清晰的正方形,有的将原料拼摆成大小不等的几个正方形重叠起来,好似古时的官印,故称作"官印形"。一般常用于单盘或双拼、四拼等,如镇江肴肉、拌四季豆等,均装成四方形。

（三）菱形

菱形就是将冷菜切成片、条、块等形状后整齐地排列在盘中,呈菱形状;也可用几种不同的冷菜原料拼摆成小菱形后,再合成一个大的菱形,其难度较大。一般用于单盘、拼盘,如冻羊羔、叉烧肉、卤鸡鸭等均可装成菱形。

（四）桥形

桥形就是将冷菜切成片、条、丝等形状,在盘中拼摆成中间高、两头低,像桥梁一样的形状,一般常用于单盘、拼盘,如干切火腿、柴把冬笋等。

（五）螺蛳形

螺蛳形又称螺旋形,就是将冷菜切成片状,沿着盘边,由低向高,由外向里盘旋,形成螺蛳状,一般常用于单盘,如拌黄瓜、素鸡等。

（六）花朵形

花朵形就是将冷菜切成小菱形块、片段等形状,拼摆成各种花朵状。一般常用于中盘、双拼、什锦拼盘等,如咸鸭蛋、糖醋萝卜卷等。

（七）艺术拼盘

艺术拼盘就是用多种原料拼摆成各种动植物、器物景观等造型,其式样千变万化,有立体、半立体和平面等。这种拼盘技术要求高,造型优美。如"金龟戏水""蝴蝶舞"等。

三、冷菜拼摆的基本原则

（一）先主后次

在选用两种或两种以上题材为构图内容的冷盘造型中,往往以某种题材为主,而其他题材为辅。如"喜鹊登梅""飞燕迎春""长白仙姑"等冷盘造型中,喜鹊、飞燕、仙姑为主,而梅花、嫩柳、山坡则为次。在这类冷盘的拼摆过程中,应首先考虑主要题材(或主体形象)的拼摆,即首先给主体形象定位、定样,然后再对次要题材

（或辅助形象）进行拼摆,这样对全盘（整体）的控制就容易多了。相反,如果在冷菜的拼摆过程中,首先拼摆的是辅助形象,那么主体形象就很难定位、定样,或即使定了,整体效果也不尽如人意。为了弥补这一不足,又只能将盘中的辅助形象,或左右或上下移动、调整,或增添,或删减,这样既浪费时间,又影响效果。

（二）先大后小

在冷盘造型中,以两种或两种以上为构图内容的形象,在整体构图造型中都占有同样重要的地位,彼此不分主次。如"龙凤呈祥""鹤鹿同春""岁寒三友"等,其中的龙与凤,鹤与鹿,梅、竹与松,它们在整个构图造型上很难分出主与次,它们在造型上也只有大与小的区别;在以某一种题材为主要构图内容的冷盘造型中,经常以两种或两种以上形态形式出现,如"双凤和鸣""双喜临门""双鱼戏波""比翼双飞""鸳鸯戏水""争雄""群蝶闹春"等,其中的双凤、一对喜鹊、两尾金鱼、两只飞燕、一对鸳鸯、两只斗鸡、数只蝴蝶,它们彼此之间在整个构图造型中,同样不分主次,它们之间仅有姿态、色彩、拼摆方法以及大小上的差异。在这种情况下,拼摆这两类冷盘时,就要遵循"先大后小"的基本原则。

这两类冷盘造型,根据美学的基本原理,在构图时,多个形象在盘中的位置和大小比例不可能完全相同,往往是或上或下,或左或右,或大或小。在拼摆过程中,应先将相对较大的形象定位、定形,再拼摆相对较小的形象。

（三）先下后上

冷盘,无论是何种造型,即使是平面造型,冷盘材料在盘中都有一定的高度,即三维视觉效果。在盘子底层的冷盘材料,称为"下";在盘子上层的冷盘材料,称为"上"。"先下后上"的拼摆原则,也就是我们常说的先垫底后铺面（盖面）。

冷盘的拼摆过程中,往往都需要垫底这一程序,其主要目的是使造型更加饱满、美观（造型角度而言）。为了便于造型,选用垫底的冷盘材料,一般以小型的原料为主,如丝、粒、蓉、泥、片等。因此,为了使材料能物尽其用,经常将冷盘原料修整下来的边角碎料,充当垫底材料。

垫底在冷盘的拼摆过程中往往是最初程序,也是基础,因而显得非常重要。如果垫底不平整、不服帖,形象的基本轮廓形状不准确,想要使整个冷盘造型整齐美观,是绝不可能的,因此,"先下后上"是冷盘拼接中应遵循的基本原则。

（四）先远后近

在冷盘造型中,往往存在着远近问题,而远近感在冷盘造型中,主要是通过冷盘材料先后拼摆的层次结构来体现的。以侧身凌空飞翔的雄鹰形象为例,从视觉效果角度而言,外侧翅膀要近些,里侧翅膀要远些。因而,在拼摆雄鹰双翅时,外侧翅膀一般表现出它的全部,里侧翅膀（尤其是翅根部分）由于不同程度地被身体和外侧翅膀所挡,往往只需要表现出它的一部分。因此,在拼摆两侧翅膀时,要先拼摆里侧翅膀,然后拼摆外侧翅膀,这样,雄鹰双翅的形态就会自然逼真,符合人们的视觉习惯。如果两翅没有按以上顺序拼摆,它们也就没有上下层次变化,自然也就不存在远近距离感。

当然,在冷盘造型中,要体现同一形象不同部位的远近距离感时,在拼摆过程中,除了要遵循"先远后近"的基本原则外,还要通过一定的高度差来表现。较远的部位要拼摆得稍低一点,近的部位要拼摆得稍高一些,这样形象就栩栩如生了。

在景观造型类冷盘中,也存在着远近距离问题,尤其是不同形象之间的远近关系。在拼摆时,同样应遵循"先远后近"的基本原则。有时,为了使不同形象之间的距离感更加明显,如远处的塔、桥,或水中的鱼、水草、月亮等,往往还在远距离的形象上加一层透明或半透明的冷盘材料,如琼脂、鱼胶、皮冻等,即先将远处的形象拼摆成以后,在盘中浇一层琼脂、鱼胶或皮冻,待其冷凝后,在其上面再拼摆近处的形象。如果是相同形象之间,如山与山之间、树与树之间等,除了可以用上面"隔层"的方法外,一般都用大小的形式来表现它们的距离感,即把远处的山或树等拼摆的小一点,近处的山或树等拼摆的大一些,并且在构图造型上,远处的形象往往安置在盘子的左上方或右上方,近处的形象安置在盘子的右下方或左下方。这样,在构图造型上既符合美学造型艺术的基本原则,也能较理想地表现出形象之间距离上的远近感。

(五)先尾后身

鸟类的题材,在冷盘造型中运用非常广泛,大到孔雀、凤凰,小到鸳鸯、燕子,而"先尾后身"这一基本原则,就是针对鸟类题材的冷盘造型。

鸟类的羽毛,大部分都有一个共同的规律,就是尾部比较长。因此,在制作以鸟类为题材的冷盘时,应先拼摆尾部的羽毛,再拼接身部的羽毛,最后拼接颈部和头部的羽毛,即按"先尾后身"的基本原则。这样拼摆才符合鸟类羽毛的生长规律。

有些冷盘造型中,鸟的大腿部呈现羽毛的形式。在这种情况下,应该先拼接大腿部的羽毛,然后再拼接身部的羽毛。总之,拼接的羽毛要自然,要符合鸟类羽毛的规律,在视觉效果上要达到羽毛是长出来的,而不是装上去的。

以上拼摆的基本原则,要灵活掌握,切不可生搬硬套。

四、冷盘拼摆的基本方法

(一)弧形拼摆法

弧形拼摆法即是指将切成的片形材料,依相同的距离按一定的弧度,整齐地旋转重叠排列的一种拼摆方法。这种方法多用于一些几何造型(如单拼、双拼、什锦彩拼等)的拼摆和排拼(如菊蟹排拼、腾越排拼等)中弧形面(扇形面)的拼摆,也经常用于景观造型中河堤（或湖堤、海岸）、山坡、土丘等的拼摆。

在冷盘的拼摆过程中，根据材料旋转排列的方向不同，弧形拼摆法又可分为右旋和左旋两种形式。在冷盘的拼摆制作过程中，运用哪一种形式进行拼摆，要按冷盘造型的整体需要和个人习惯而定，不能一概而论。在冷盘造型中某个局部采用两层或两层以上弧形面拼摆时，要考虑到整体的协调性，切不可在同一局部的数层之间，或若干类似局部共同组成的同一整体中，采用不同的形式拼摆，否则，变化过于强烈，就会显得零乱，不一致，不协调，影响整体效果。

（二）平行拼摆法

平行拼摆法是将切成的片形材料，等距离地往一个方向重叠排列的一种拼摆方法。在冷盘造型中，根据材料拼摆的形式及成形效果，平行拼摆法又可分为直线平行拼摆法、斜线平行拼摆法和交叉平行拼摆法三种形式。

1. 直线平行拼摆法

直线平行拼摆法是将片形材料按直线方向平行重叠排列的一种形式。这种形式多用于呈直线面的冷盘造型，如"梅竹图"中的竹子，直线形花篮的篮口，"中华魂"中的华表，直线形的路面等，都是采用这种形式拼摆。

2. 斜线平行拼摆法

斜线平行拼摆法是将片形材料往左下或右下的方向等距离平行重叠排列的一种方法。景观造型中的"山"等多采用这种形式。用这种形式拼摆而成的"山"，更具有立体感和层次感。

3. 交叉平行拼摆法

交叉平行拼摆法是将片形材料左右交叉平行等距离重叠排列的一种方法。这种方法多用于编织物品的拼摆，如花篮的篮身、鱼篓的篓体等。采用这种形式拼摆时，冷盘材料多整修成柳叶形、半圆形、椭圆形或月牙形等，拼摆时交叉的层次视具体情况而定。

（三）叶形拼摆法

叶形拼摆法是指将切成柳叶形片的冷盘材料拼摆成树叶形的一种拼摆方法。这种方法主要用于树木及枝叶的拼摆，有时以一叶或两叶的形式出现在冷盘造型中，如"欣欣向荣"中百花的两侧、"江南春色"中的花的左侧等，这类形式往往与其他形象相结合；有的冷盘造型中则以数瓣组成完整的一片树叶形式出现，如"蝶恋花"中的多瓣树叶，"秋色""一叶情深""金秋盼奥运"等中的枫叶。叶形拼摆法在冷盘的拼摆中运用的非常广泛。

（四）翅形拼摆法

由于鸟的种类不同，其形状、性格和生活习性也不一样，但它们翅膀的形态、结构和生长规律是相同的。因此，在以鸟类为题材的冷盘造型中，拼摆翅膀的方法也是相近的。当然，动态的鸟类翅膀是千变万化的，但只要掌握了鸟类翅膀的基本形态、结构及拼摆方法，无论其处于什么状态，翅膀的拼摆也就不成问题了。

在翅膀的拼摆过程中，对冷盘材料的选择（色泽和品种）以及所拼摆的层数，要根据具体冷盘造型而定。有的鸟类的翅膀较宽，那么拼摆的层数就多一些；有的鸟类的翅膀较窄，那么拼摆的层数则少一些，不能千篇一律。

五、装盘的基本要求

（一）色彩要和谐

冷菜的装盘在色彩调配上要求较高，不仅要求冷菜的外形优美，而且还要能显示其丰富多彩的内容。厨师在制作冷菜时，要根据要求从色彩的角度选择原料，并在拼摆时合理巧妙地安排。这就要求既要熟悉各类烹饪原料的本色，又要知道烹饪原料烹制后色彩的变化；既能运用调味品改变原料的色彩，还应懂得各种冷菜的用色对比、明暗对比、冷暖对比和补色等，这样才能使冷菜装盘色彩鲜艳、浓淡适宜、和谐统一，给人以赏心悦目的感觉。

冷菜拼摆中的配色，不可能像作画那样随意调配颜色，只能就食品原料固有的色泽和烹调后的色泽进行搭配。冷菜装盘在色调上处理得好，不仅有助于形状美，而且又能显示出丰富多彩的内容。拼摆时一般采用对比强烈的颜色相配，避免使用同色和相近色拼摆，无论是一桌席的冷菜，还是一盘冷菜，都应注意这一点。冷菜色彩应艳而不俗，淡而不素。此外还需注意根据季节的变化来配色，如冬暖色，夏冷色，春秋花色。正确地运用冷盘色彩的规律配色，才能给宾客色彩和谐、舒适愉快的感觉。

（二）刀工要整齐

冷菜的刀工技术是决定冷菜装盘是否美观的主要因素，因此应根据冷菜的不同性质，巧妙地运用各种刀法，不论是丝、片还是条、块，都要求长短、厚薄、粗细整齐划一，干净利落，切忌有连刀现象。至于艺术拼盘，则应根据拼摆要求、所用的原料、构思的图案、器皿的大小来决定刀法，此外还要注意经过刀工处理的食品形状，要便于食用。

冷盘拼摆过程中，最为基础的是要有熟练的刀工技法，因为刀工是决定冷盘造型是否成功的主要因素，娴熟的刀法是创造高质量冷菜拼盘的根本保证。冷菜大多数是先烹调后切配。经过熟制的冷菜，装盘时特别注重整齐、美观，对刀工的要求特别高。切配冷菜时，应根据原料的不同性质灵活运用刀工技法，刀工的轻、重、缓、急要有分寸，要符合冷菜的造型要求，符合冷菜的质量要求，因此除了掌握一般切生料的刀法外，还要掌握锯切、抖刀切、花刀切和各种雕刻刀法。

（三）搭配要恰当

在各种类型的冷菜拼盘过程中,不仅要讲究刀法,注意色、香、味、形的搭配,更重要的是要注意菜肴的食用价值,切忌单纯追求拼摆形式,用一些无味的食雕或生料来装饰,给人一种中看不中吃的感觉。拼摆的冷菜应形态优美,形象逼真,富有变化,色彩要和谐,口味搭配恰当,符合营养卫生要求。

装盘不单指菜肴的形和色,同时也涉及菜肴的味汁,所以装盘时必须考虑到菜肴味汁之间的配合,尤其是拼摆什锦拼盘和花色冷盘更要注意将味重的和味淡的、汁多的和汁少的分开。由于调味手段不同,有的需要浇调味汁,有的不需要浇或少浇,因此调味汁的稠稀也不同。装盘时应注意将需加调味汁的摆在一起,不用调味汁的摆在一起(以块面结合),否则就会"串味"而相互干扰。

（四）盛器要选择

在冷菜装盘时,一定要注意合理选择和使用盛器,盛器要雅致美观,做到原料和盛器的色彩协调。盛器对于整个宴席冷菜的装盘外观都有较大的影响,拼摆时应掌握冷菜的数量与盛器的大小,切忌将原料装于盘边。

盛器的选择应与冷盘类型、款式、原料色泽、数量以及就餐者的习俗相协调、相适应,做到格调雅致、虚实有序。

一是盛器的色彩要与菜肴的色彩相协调,以突出、衬托菜肴造型为原则;同时,盛器的颜色选择还要考虑到就餐者的色彩感情,要尊重就餐者对某种颜色的忌讳,赢得他们的认可。

二是盛器的形状与菜肴的形状相适应。盛器的种类较多,形状不一,各有各的用途,在选用时必须根据菜肴的形状来选择相适应的盛器。

三是盛器的规格与菜肴的数量相适应,要根据冷菜数量的多少来选用合适的盛器,这也是菜肴造型呈现最佳形态的重要手段。适当的空间比例能使菜肴显得高雅而美观,实而不虚,虚而不空。

（五）用料要合理

冷菜在装盘时应做到合理选料,使拼摆与用料形态相匹配。哪些用料可以做刀面料用,哪些用料可以用来垫底、盖边等,一定要心中有数。对一些禽类的翅膀、爪、颈、内脏等也要做到物尽其用。

用料要合理,一是指拼摆时,硬面和软面要很好结合,二是指装盘时用料要物尽其用,做到大料大用,小料小用,边角碎料要充分利用,这样不仅可以减少浪费、降低成本,还可以加大食用量。

任务二 装盘的步骤、手法及点缀

任务描述

介绍冷菜拼摆的制作步骤和装盘的方法。

任务分析

通过学习,学生了解冷菜装盘的步骤,掌握装盘和点缀的方法。

相关知识

冷盘的形体和色泽经过原料的选择、切配,最后要通过装盘来体现。因此,掌握冷菜装盘的步骤和手法非常重要。一般来说冷菜的装盘分为三个步骤、八种手法,还配以适当的装饰、点缀。

一、装盘的步骤

(一)垫底

根据拼盘的特定要求,将修切原料所剩下的一些形态不太整齐的边角料,堆在盘底,作为盖面的基础,此工序称为垫底。

在刀工切配过程中,不可避免地要有一些修整下来的边角、碎料或质地稍次、不成形的块、片、条、丝、段等冷菜原料(如鸡鸭的翅、爪、颈等)。一般将这些边角料先垫于盘中或堆砌在造型物的底部,作为盖面的基础。其作用是一方面可以充分利用原料,减少浪费,另一方面可以衬托造型,使装盘丰满显得实惠。垫底的要求是,边角料不宜切得过于碎小,否则会影响菜肴的食用;另外又不可切得过于厚大,否则也会影响菜肴造型。边角料应改刀为细丝或薄片为好。

(二)围边

围边是将修切整齐的条、块、片原料码在垫底的边缘,将边角料围住,使人看不出边角料,有的地方称之为盖边、码边等。

围边要求根据拼盘的需要,施用不同的刀法,以整齐、匀称、平展来体现拼摆效果,使其或独立、或组合而形成一个完整的表面。

(三)盖面

盖面也叫装面、盖刀面、封顶等,是把原料质量最好的部分切得整齐、刀面光滑,将刀工精细、美观的块、片、段等均匀地排列起来,用刀铲盖在冷盘的最上面,并封严码边料接茬,使整个冷菜显得既整齐美观又丰满。盖面要求手法多样,操作恰当。

二、装盘的手法

(一)排

排就是将切好的条、块、片及小型原料(大多用较厚的方块或椭圆块),在盘中平排或重叠排列成行置于盘中的一种拼盘手法。这是拼盘中应用最广泛的一种手法,主要用于组织刀面,用排的手法拼摆出的冷盘要求边齐面平。

根据盛器、原料形状的不同,可应用不同的排法,有的适宜排成锯齿形,有的适宜逐层排,有的需要配色间隔排,有的需要平展排,有的需要弯曲排,有的需要大跨度排,有的则需要小距离排,总之,排列得好坏直接影响造型的成败。如羊羔切片宜排成锯齿形;盐水虾应先剥去头壳,两只颠倒排摆成腰圆形,再排成行;蛋卷切成片形排时要略有间隔。根据冷盘式样需要,排的变化是多样的。

(二)堆

堆是一种比较简单的装盘手法,是将一些刀工不规则的丝、片状的原料堆摆在盘中。也可堆出多种形状,如宝塔状、三角形、假山状等。这种手法简便、自然、适应面广,常常用于垫底。堆摆的形态,给人以丰满、实惠之感和富有立体感。另外,在主体造型的衬托部分,也可利用其特点,堆积成山、石、花坛等形状。堆的材料一般要求用干制的、黏性的或水分不大的用料堆积,否则容易坍塌。此法多用于单盘或围碟。

(三)叠

叠就是把切好的原料一片一片地叠成梯形或瓦片形,但一般以叠片为主。其手法是一种精细的操作过程,通常以薄片为主,切一片叠一片,也可随切随叠,叠好后铲起,盖在垫底的原料上。叠时需与刀工紧密配合,要切得厚薄、长短、大小一致。叠大多使用无骨、韧性、脆的原料居多。叠的手法多用于鱼鳞、鸟羽的拼摆。叠时要求落手轻巧,不要弄塌垫底,也不能碰坏已叠好的原料,覆盖要严密,不能露出垫底。

(四)贴

贴是拼摆艺术拼盘不可缺少的操作手法,原料要经过多种刀法处理成不同的形状,拼摆在已构成大体轮廓的冷菜上,构成各种图案。贴的手法大多用于立体造型的花色冷盘,如动植物的外衣,鸟类的羽毛和它们的眼、鼻等。贴是制作花色冷盘最基本、最常用的技法,要有较高的刀工和雕刻艺术修养,才能拼摆出生动活泼、形象逼真的花色艺术冷盘,例如"双鹂登枝""游龙戏凤"等。贴一般都要求原料片薄而轻盈,以便在主体上贴附。

（五）摆

摆是花色冷盘造型中一种经常使用的方法，譬如"松龄鹤寿"中的松树枝干，"喜鹊登梅"的梅枝，蝴蝶的触须，鸟类的嘴巴和脚爪，还有作为陪衬物的山石花草等，都是采用摆的方法制作的。摆，常用于操作摆放主体附件，摆必须根据造型设计的要求选择好方位及所摆物的姿态，不仅要使冷盘形象逼真，还要使主体与陪衬物协调。

（六）覆

覆又称扣，是将加工成型的冷菜原料，先排列在扣碗中或刀面上或造型模具中，再翻扣入盘内或菜面上。覆法有简有繁，多呈半圆形。

覆是将盘面装好之后，再用质量比较好、价格比较高的原料覆盖其表面，用于菜肴的点缀或表明菜肴的等级。繁覆，就是把原料加工成形，排列在造型模具或扣碗中，浇上卤汁或冻汁，同时进行必要的装饰，待入味成冻后再倒扣入盘中，使其形成美丽的图案。如水晶鸭掌、梅花凤舌、蚕丝鸡冻等，以达到突出主料的目的。

（七）扎

扎是将冷盘原料捆扎起来，使之牢固不松散的一种辅助拼盘手法。扎的手法虽然运用不多，但却是某些冷盘制作中必不可少的技法，如普通冷盘中的鸡丝柴把堆，再如立体花篮冷盘的篮体、帆船的船体等，虽然内部都装满食物，但篮面是倾斜的，船舷是弯曲的很难贴附住，如果用线料捆扎一下，就会使其牢固。常用作线料的有芹菜梗丝、海带丝、蒜薹丝等。

（八）围

围是将切好的原料，按盘子的形状列成环形，层层围绕，可以围一层或两层，也可以做成很多花色。在实际应用中，围的手法有多种，有围边装饰、附加点缀等。围常用于单盘或艺术拼盘。

1. 围边装饰

在主料周围围上一些不同颜色的辅料来衬托主料，称围边；有的将主料围成花朵形，中间用色彩鲜艳的辅料点缀成花芯，称排围。通过围可把冷盘点缀装饰成很多花样，使冷盘增添色彩，工艺效果更加完美。

2. 附加点缀

为了更好地突出主体，弥补不足，往往在冷菜装盘工序完成之后，根据冷盘的具体情况，附加一些绚丽的点缀品，这些点缀品一般是以色彩鲜明的蔬菜、瓜果的小型蔬果雕刻和熟食为主，如香菜、樱桃、火腿片或丝、姜丝、黄瓜片、胡萝卜丝等加以装饰点缀，能起到锦上添花的作用。点缀是将摆好的冷菜，用瓜果蔬菜加以衬托，给食用者以赏心悦目之感。一般可分为模具平刻、刀具雕刻和立体式堆叠三种形式。

附加点缀在具体操作上,应注意以下几个问题:

(1)凡是盘面上刀工整齐、形态较美观的,其点缀品以放在盘边为好;如果盘面上的刀工不够整齐、好看,点缀品应放在上面以弥补不足。

(2)凡是色彩鲜艳的冷盘,可用对比强烈的原料来点缀,并宜放在盘边。色泽比较暗淡不够醒目的冷盘,上面或中间可以放绚丽的点缀品,给人以明快、醒目的感觉。

(3)点缀品的大小、色彩应同冷盘的式样相统一,相协调。点缀品摆放要整齐、规范,不要一只放盘边,一只放盘面;或一边放得多,一边放得少。各个冷盘的点缀品要相互协调,以免显得杂乱无章,缺乏整体感。宴席冷菜的点缀要有总体观念,每盘放多少应大致相等。

(4)点缀品的摆放式样要与冷盘的规格相吻合,具体有盘边点缀、盘上点缀和盘面点缀三种式样。盘边点缀要求摆放时做到等边对称。盘面点缀又称整体衬托,即从盘心到盘边,用修剪成形的点缀品平铺于盘内作衬托,上面码放主料。

(5)附加点缀应掌握少而精的原则,只能画龙点睛,不可滥用,要突出主体,切忌画蛇添足或喧宾夺主,冲淡主题。装入盘中的点缀品要求能够食用,对一些可食性生料要严格消毒处理,防止食品污染。

以上三个步骤和八种手法,是冷菜装盘的基本步骤和手法,在实际的拼制过程中,还要根据冷菜的式样和原料灵活运用,不断创新,不能截然分开,这样才能使装盘工艺达到理想的效果。

任务三 冷盘造型艺术规律

任务描述

介绍冷菜拼摆的创作思路和图案的基本要求、变换形式。

任务分析

通过学习,学生知道冷菜拼摆的创作思路,掌握拼摆图案的基本原则。

相关知识

一、冷盘造型的创作思路

冷盘构图设计的好坏,直接关系到成品是否具有艺术性、食用性。构图设计是冷盘拼制的重要一环,具体要做好如下几个方面工作。

（一）构思

构思是冷盘拼制的初步设想，艺术冷盘的构思要具有丰富的想象力，要从立意、题材、形象、色彩、构图、选料、烹制、刀工等方面周密思考。没有很好的构思，要想使冷盘拼制达到很高层次是不可能的。

1. 根据宾客的喜好构思

酒店、餐馆的宾客来自国内外，因民族、宗教信仰、饮食习惯、生活爱好不同，对冷盘拼摆要求也不一样。如日本人对仙鹤、乌龟很喜欢（仙鹤、乌龟表示长寿），而对荷花不喜欢；而中国人对乌龟却比较反感，对仙鹤较喜爱；法国人对黄色菊花反感，认为不吉利；而荷兰人喜欢黄色。所以在构思冷盘时，要选用宾客喜闻乐见的造型和象征吉祥、幸福、美好的艺术形象，切忌选用宾客忌讳、反感的造型。

2. 根据宴席的主题构思

冷盘拼制一般多用于宴席，而宴席种类繁多，要根据宴席的主题和形式来构思。如婚宴可用"喜鹊登梅"，寿宴可用"松鹤献桃"，迎送宾客可用"百花齐放"等图案，这样对活跃宴席的气氛会收到良好的效果。

3. 根据费用标准等因素构思

针对不同标准的宴席，在构思时要全面考虑，既要分清档次，又要做好成本核算，还要考虑原料的供应情况、人力和时间，绝不能只追求造型美观，而不考虑食用价值、经济效益、技术力量及时间等因素。尽量做到艺术和现实两者统一。

4. 根据原料的供应情况构思

各地的冷菜原料各有特色。冷菜拼盘选用的原料应就地取材，以形成本地风味。例如拼装"雄鹰展翅"，南方的水产品及猪肉较丰富，常用叉烧肉、熏鱼制作；北方牛、羊肉较多，常用五香牛肉等拼制。此外还应根据题材适当选择原料，最好采用烹饪原料及冷菜的本身色彩拼制。

5. 根据人力和时间构思

艺术拼盘的刀工精湛，拼装的时间也较长，尤其是在大型宴会或桌数较多的情况下，构思时应根据厨师的技术力量、餐厅服务人员的多少、时间的长短等因素构思合适的题材。

（二）构图

构图就是设计图案，是在构思中解决造型中的形体、结构层次等问题，要根据美学的观点将所表现的形态巧妙地展现出来。构图要做好以下几点。

1. 要考虑图案的整体结构和特征

冷盘拼制在构图时必须明确主题，还要考虑图案整体结构的艺术效果。如"海底世界"这一题材，应以海水或海洋动物为主题，珊瑚、水草等为辅，以达到衬托主题的目的，否则会杂乱无章，没有层次感。在构图时，还要抓住图案的主要特征，例如构思"蝴蝶飞舞"造型,蝴蝶的特征是翅膀大身体小、色彩艳丽,如果在构图时把蝴蝶变成身大翅小,就很难招人喜欢了。

2. 要考虑器皿的形状和色彩

器皿是盛装拼盘原料的工具,常用的有圆形、椭圆形、方形等。器皿运用是否得当与整个拼盘效果有着重要的关系。要全面考虑器皿的大小、式样、颜色,一般造型图案面积占器皿总面积的3/5,图案大则使用器皿相应也大,图案小则使用器皿相应小些。冷盘的拼制一般选择浅色的器皿,这样易与原料在颜色上形成明显对比,使造型图案更为突出。

3. 根据图案的主色构图

艺术拼盘一般由不同色彩、不同口味的冷菜组成,在色彩的组合上应按构图的内容分清主次。虽然艺术拼盘的色彩不能像绘图那样,用各种颜料按比例随意调出各种各样的色彩,但艺术拼盘可充分利用各种烹饪的原料的天然色彩及调味品色彩来组合。例如,拼摆一个"和平鸽"艺术拼盘,通常利用白斩鸡去皮的鸡脯肉或白蛋糕为主色。又如"雄鹰"拼盘,大多采用黑褐色食材拼摆,如五香牛肉、皮蛋等,黄瓜、青椒制成松枝,只起衬托作用。一个成功的艺术拼盘,除了造型逼真、刀工处理得当之外,颜色搭配是否合理也是一个重要因素。

4. 根据动植物的特征构图

构思动植物形象艺术拼盘的关键在构图时能否掌握各种动植物的特征。例如各种花卉千差万异,颜色多种多样;各种鱼、虫、禽、兽的形象千姿百态,因此要抓住特征。

（三）虚实

所谓虚实是指主体和辅体、实体与空白、近物与远物的有机结合。把握冷盘虚实关系时,必须处理好主次关系,使构图有新意、有层次,有欣赏的价值。如山的层次、白云的位置,在图案中必须有一定的规律,做到虚实有度。

（四）完整统一

冷盘拼制图案要求内容完整统一,结构要有规律,不可松散、零乱。

二、冷盘拼制图案的基本法则及变换形式

（一）冷盘拼制图案的基本法则

冷盘拼制图案使用的法则很多,有时仅用一种法则去制作某一图案的冷盘是不够的,要从实际出发,灵活掌握冷盘拼制图案的规律,运用各种法则。

1. 整齐一致

整齐一致是冷盘拼制图案的基本法则。如拼制鹰的翅膀,每一片原料都必须有规律地摆放。酱牛肉制成单拼盘,每一片原料都必须整齐地重叠排列。整齐一

致是单拼冷盘、平面什锦冷盘制作的基本要求。

2. 对称均衡

对称与均衡是冷盘拼制图案的又一基本法则,也是冷盘造型重心稳定的结构形式。所谓对称是指以中心点为基点,在其周围作同形同等的变化。稳定、整齐是对称的特点。所谓均衡,即在变化中保持重心,使之不失常态,感觉良好。在冷盘拼制时,运用这一法则的事例很多。

3. 节奏韵律

节奏是一种规律的反映,是事物正常发展规律的体现。在冷盘拼制过程中,原料的有规律排列,盘边图案的有规律延长等都是节奏的一种反映。

韵律则是指能体现一种情调的节奏,是节奏的升华。在冷盘拼制中,是指在排列原料时,能间接使用一些美化手段。如小型原料的排列,中间穿插上其他原料,从而使图案达到完美的效果。

在冷盘构图中,除了以上三种基本法则外,还常常运用调理反复、对比调和等法则。

(二)冷盘拼制图案的变换形式

冷盘造型的变化是一种艺术创造,但变化的原则是为宴席主题服务的,同时,必须与烹饪原料的特点相结合。冷盘造型变化的形式和方法多种多样,为了使冷盘造型形象更典型、更完美,必须掌握冷盘造型变化的基本形式。

1. 夸张变形

夸张,是冷盘造型的重要手法。它采用加强的方法对造型形象的特征加以夸张,使之更加典型化,更加突出。冷盘造型的夸张是为了更好地写意传神。夸张必须以现实生活为基础,不能任意加强什么或削弱什么。例如,梅花的花瓣,将其五瓣圆形花瓣组织成更有规律的花形,使其特征经过夸张后更加完美;月季花的特征是花瓣结构层层有规律轮生,则可加以组织、集中,强调其轮生的特点;牡丹花的花瓣有曲折的特征,都是启发我们进行艺术夸张的依据。

孔雀的羽毛是美丽的,特别是雄孔雀的尾屏,紫褐色中镶嵌着翠蓝的斑点,显得光彩绚丽。因此,在设计以孔雀为题材的冷盘时,应夸张尾部羽毛、头部和颈部。金鱼眼大、尾长,是其特征,颜色有红、橙、紫、蓝、黑和银白等,其形态的变化也比较大,这在金鱼的名字上得到了生动的体现。如"龙眼""虎头""丹凤""水泡眼""珍珠鳞"等,其形态的夸张要抓住这些特征有规律地突出局部。在造型拼摆时,要处理好鱼身与鱼尾的动态关系,鱼尾可拼摆大些,但不宜过厚。松鼠的尾巴又长又大,小身躯和大尾巴形成一种对比,在冷盘构图造型时可夸张处理松鼠尾巴。

恰当地夸张能增加感染力,如金鱼的长尾,恰当地夸张会更美丽传神;蝴蝶的双须、双尾若适当加长,会更具灵性和飘逸感;鸟的翅膀变大,能增加凌空飞翔的动势;松鼠尾巴的加长、加粗,显得更敏捷可爱。夸张离不开变形,只有变形才能夸张。但是,夸张不可过分,变形不可离奇,应变得更美,更具有感染力。那种只凭主观臆想,片面地追求造型色彩艳丽,不顾冷盘造型工艺制作与食用特点的方法,有违于冷盘造型艺术的初衷,都是不可取的。

2. 简化

简化是为了把形象刻画得更单纯、更集中、更精美。通过简化去掉烦琐的不必要部分,使形象更单纯、完整。如牡丹花、菊花等,花形比较丰满,花瓣较多,全部如实地拼摆塑造不但没有必要,而且也不适宜在实际冷盘造型中进行拼摆。简化处理时,可以把多而曲折的牡丹花瓣简化成若干个,繁多的菊花花瓣简化成若干瓣。

如描绘松树,一簇簇的针叶形成一个个半圆形、扇形,正面又成圆形,苍老的树干似长着一身鱼鳞,抓住这些特征,便可删繁就简地进行松树构图造型。为了避免单调的千篇一律,在不影响基本形状的原则下应使其多样化。将圆形的松针拼摆成椭圆形或扇形,让松针分出层次。在冷盘工艺造型时再依靠刀工和拼摆技术的处理,便使松针有疏密、粗细、长短等变化了。

3. 添加

添加,不是抽象的结合,也不是对自然物象特征的歪曲,而是把不同情况下的形象及多个形象具有代表性的特征结合在一起,以丰富形象、增添新意,加强艺术效果。添加手法是将简化、夸张的形象,根据构图设计的要求,使之更丰富的一种表现手法。它是一种"先减后加"的手法,并不是回到原先的形态,而是对原先的物象进行加工、提炼,使之更美、更有变化。如传统纹样中花中套叶、叶中套花等,就是采用了这种表现手法。

有些物象已经具备了很好的装饰因素,如动物中的老虎、长颈鹿等身上的斑点,有的成点状,有的成条纹;梅花鹿身上的斑点,远看像散花朵朵;蝴蝶的翅膀,上面的花纹很有韵律。其他如鱼的鳞片、叶的茎脉等,都可视为装饰因素。

但是,也有一些物象,在它们的身上找不出这样的装饰因素,或装饰因素不够明显,为了避免物象的单调,可在不影响突出主体特征的前提下,在物象的轮廓之内适当添加一些纹饰。所添加的纹饰,可以是自然界的具体物象,也可以是几何形的花纹,但对前者要注意附加物与主题在内容上的呼应,不能随意套用。也有在动物身上添加花草的,或在其身上添加其他动物的。如在肥胖滚圆的猪身上添加花卉,在猫身上添加蝴蝶,在奖杯上缀花,扇面里套梅花,牛身上挂牧笛等。

值得注意的是,在冷盘造型艺术中,要因材取胜,不能生硬拼凑或画蛇添足。除了多个形象的相互添加结合外,冷盘造型还常常把一个简单形象通过增加结构层次的方法,使其变得丰富多彩。如蘑菇造型,外形简单,色彩单一,但是如果用多种色彩原料塑其形,就会变得更加丰满。

4. 理想

理想是一种大胆巧妙的构思,在冷盘造型时,可以使物象更活泼生动,更富于联想。在冷盘造型工艺中,应充分利用原料本身的自然美(色泽美、质地美和形状美),加上精巧的刀工技术和巧妙的拼摆手法,融于造型艺术的构思之中,用来对某事物的赞颂与祝愿。如在祝寿宴席中,常用这种手法,用万年青、松、鹤及寿、福等汉字加以组合,以增添宴席的气氛。

在某些场合下,还可把不同时间或不同空间的食物组合在一起,成为一个完整的理想造型。例如把水上的荷叶、荷花、莲蓬和水下的藕,同时组合在一个造型上;把春、夏、秋、冬四季的花卉同时表现出来,打破时间和空间的局限,这种表现手法能给人们以完整和美满的感受。

任务四　色彩的基本知识

任务描述

学习烹饪中使用到的色彩知识。

任务分析

通过学习色彩的基本知识,认识色彩的三要素,了解色彩的情感和象征,为下一步学习专业知识奠定基础。

相关知识

一、色彩的基本知识

人们生活在五彩缤纷的色彩世界里,蔚蓝的晴空,苍郁的群山,茵绿的草地,白浪翻滚的江海,姹紫嫣红的花朵,青砖红瓦的屋宇……这一切,组成了一幅幅璀璨绚丽、丰富多彩的大自然图画。

色彩是冷盘制作构成的主要因素之一。无论是简单的或是复杂的冷盘造型,在加工制作的过程中都不能回避色彩问题,都不能不考虑色彩的使用对生理和心理的影响,所以,要有效地发挥色彩在冷盘制作中的作用。一个好的菜肴,不仅可以满足人们的食欲,同时也能给人们一种美的享受。中国人一说起菜肴,马上会联想到"色、香、味、形"四个字,在这四个字中。"色"位于第一位,可见色彩的重要。

色,即色彩、颜色。要讲色彩,首先要弄清楚色彩是如何形成的。通常人们认为,色彩是物体固有的,其实并非如此,人们看到的色彩,事实上是以光为传媒体的一种感觉。当光线(日光、月光、人造光)照射到物体上,由于物体对光的吸收程度不同,反正光给人的视觉器官带来的刺激也不同,从而形成了不同的色彩。

光、物体、视觉是形成色彩的三个基本条件。没有光,任何物体都不能显示色彩,如在漆黑的夜晚,人们无法看到周围的物体,感觉不到色彩的存在。同样,没有视觉也就无法感觉到物体的色彩。没有物体,更无所谓色彩了。

当人们看到不同的色彩时,会产生不同的感觉。有的色彩能增强人们的食欲,如白色的菜,人们感觉洁净、素雅;黄色的菜,使人感到清香、诱人;绿色的菜,使人感到清新、新鲜;酱红色则是一种诱发人们食欲的色彩。但是,有的色彩却能影响人们的胃口和情绪。因此,作为烹饪工作者,掌握色彩的一些基本知识是非常必要的。

二、色彩的三要素

色彩三要素也称色彩的三属性,即色相、明度、纯度。

(一)色相

色相是指色彩的可呈现出来的质的面貌,是区别色彩之间质的不同的一种概念。如红色、黄色、蓝色、橙色、绿色等。

(二)明度

明度指色彩的深浅、明暗程度。由于物体反射光线强弱不同,因而产生色彩深浅、明暗不同的变化和差别。一般说来,浅的、亮的色彩明度高,如白色、黄色;而深蓝的、暗的色彩明度低,如黑色、暗红色、深蓝色、青色等。在同一种色彩中,明度变化从浅到深非常丰富,如淡红→红→深红的变化。

(三)纯度

纯度是指色彩的纯净程度,或称色彩的饱和度、彩色的鲜艳程度。一般来说,色彩越纯、越艳,纯度越高,如红、黄、蓝纯度最高;反之,色彩越浊、越灰,纯度越低;色彩相互调和的次数越多,色彩越接近黑色,纯度越低。当然,色彩的纯度是相对而言的,如大红比玫瑰红纯,玫瑰红比紫红纯等。

三、原色、中间色、复色

(一)原色

原色是指无法用其他颜色进行混合配制而得出的颜色,又称第一次色。原色为红、黄、蓝三种,通常又称为三原色。将三原色按不同的比例调配,可调出很多种颜色。

(二)中间色

中间色又称第二次色,是由原色中的任意两种色调配而成的,如红＋黄调和成橙色,红＋蓝调和成紫色,黄＋蓝调和成绿色。所以,称橙色、紫色、绿色为中间色。

（三）复色

复色又称第三次色，是由两个中间色或一个原色与另两个原色（即三原色）按不同的比例调配而成。例如，绿＋橙调和成黄灰色，橙＋紫调和成灰红色，紫＋绿调和成蓝灰色。又如红＋黄＋蓝，如红色多则调和成红灰色，若蓝色多则调和成蓝灰色，若黄色多则调和成黄灰色。

四、色彩的情感和象征

色彩的情感是通过色调体现出来的，讨论色彩的情感，就必须研究色彩的对比与调和，通过对色调的处理，以及不同原料色彩的搭配。菜肴的色彩可以体现厨师美好的愿望和感情。

（一）色彩的对比

烹饪食品中色彩的对比与调和是烹饪工艺图案变化与统一的具体体现。烹饪工艺的色彩，即要讲对比，又要讲调和，还要有主次之分，在对比中求调和，在调和中求变化，两者既对立又统一。

色彩对比是指两种或两种以上不同色彩形成的差异，色彩的差异大小决定色彩对比的强弱。色彩的对比主要有色相对比、明度对比、纯度对比、冷暖对比和大小对比。

1. 色相对比

不同色相之间的差异形成的对比，叫作色相对比。色相对比有同种色对比、类似色对比、对比色对比、近似对比色对比和互补色对比等。

（1）同种色对比——指同一种色彩的对比，对比较弱，可增加明度和纯度。

（2）类似色对比——指色相环上 90°角以内相类似的色彩对比，如红与橙，黄与绿等。

（3）对比色对比——指色相环上相距 135°的色彩对比，如红与蓝，黄与紫等。

2. 明度对比

色彩的明度差异而形成的对比，叫明度对比。明度差异的大小决定对比是否强烈。明度相差大的，如曙红与深红、白与黑；明度对比小的，如白与浅灰、红与橙黄等。

3. 纯度对比

因色彩的饱和差度而形成的色彩对比，称纯度对比。通过纯度对比，可比较出色彩的纯与浊。如红花和绿叶搭配在一起时，红色是原色，绿色是中间色，相比之下，绿色比红色略浊，当它们相互映衬在一起的时候，红色比绿色显得更纯，红花在绿叶的衬托下，显得更加鲜艳夺目。

4.冷暖对比

是指不同色彩的冷暖感觉差异而形成的对比。色彩的冷暖来源于人们对色光的心理感觉,如红色、黄色、橙色,能使人联想到太阳、火光,感觉温暖、兴奋、热烈;人们看到蓝色、紫色,就会联想到大海、苍穹、夜晚,因而感觉清凉、深邃、宁静。因此在绘画上,通常将红色、橙色、黄色称为暖色,而将蓝色、紫色称为冷色,其他称中间色。

5.大小对比

大小对比又称面积、体积对比,在烹饪运用中比较重要。俗话说"万绿丛中一点红",红虽小,但很突出,整体很协调,若两色的面积大小相近,则给人一种呆板、不协调的感觉。在烹饪原料搭配中,当通过一般的调配不能达到良好的效果时,改变面积、体积大小,通常是一种明智的选择。

(二)色彩的调和

将两种或两种以上的色彩按色彩搭配规律有机地搭配在一起,使之和谐统一,会给人一种舒适、美观的视觉效果。色彩的调和包括同种色的调和、邻近色的调和、类似色的调和、面积的调和、形状的调和、间隔的调和等。

1.同种色的调和

指色相同属一种色的弱对比,如同属绿色的蔬菜,虽有深浅之分,但极易统一。

2.邻近色的调和

在色相图中可以看出,邻近色也属弱对比,如红与橙、黄与绿,色彩较接近,也极易统一。

3.类似色的调和

类似色的色彩相类似,较同种色、邻近色有变化,也比较容易统一。

4.对比色的调和

对比色属强对比,色感鲜明、丰富、强烈,色差大,无色相的统一性。可分为次对比色和对比色。在绘画中,起调和的办法是增加色彩的明度和纯度的同一性。在菜肴中,可通过调料、烹饪加以调和。

5.面积的调和

在烹饪中,呈对比色调的菜肴,也可采用面积调和法,通过增加一方的面积和缩小另一方的面积,求得总体的调和。

6.形状的调和

在烹饪工作中,由于原材料形状的不同而产生形状的对比,这种对比如果调和不好就会产生极不舒适的视觉感受。可以通过提高一方的聚集程度和另一方的分散程度予以调和,使之形成不同的形态,产生变化,避免呆板。

7.间隔的调和

是用中间色间隔的方法,使对比过强的色彩趋于调和。如用白色、灰色、黑色

(中间色)间隔。一般用间隔色对色块、图形作勾边处理,勾边线越粗,调和力度越大。

五、色彩的前进和后退

在日常生活中,人们经常可以感到有的色彩往前冲,有的色彩却往后退的感觉。一般说来,暖色、亮色中的暗色(如白墙中的深色字),暗色中的亮色(如夜晚天空中的星星),灰色中的鲜艳色,给人前进的感觉,冷色给人后退的感觉。

在烹饪中,色彩的前进与后退应用,主要通过菜肴的叠放(有规则或无规则),通过底菜衬托主菜,盛器衬托菜肴,使菜肴的色彩刺激人们的视觉器官,形成一系列心理和生理反应,从而引起人们的食欲。

任务五　冷盘造型的色彩运用

任务描述

通过学习冷菜拼摆中常用原料的色彩知识,掌握冷菜拼摆中色彩运用的方法。

任务分析

通过学习,学生能够掌握冷菜拼摆中色彩运用的方法。

相关知识

一、冷盘拼制的色彩

(一)原料色彩的运用

每一种烹饪原料都有色彩,在拼制冷盘时,有时是根据原料原有的颜色来选择的,有时是根据原料烹调后形成的颜色来选择的。所以色彩的选择往往同原料结合在一起。在冷盘拼制过程中,应尽量选择原料的本色。

1. 红色

红色的冷菜原料有熟火腿、河虾、肴肉、酱鸭、卤鸭、红肠、香肠、胡萝卜、红辣椒、番茄、红樱桃等。

2. 黄色

黄色的冷菜原料有熟鲍鱼、蛋黄糕、熟蛋黄、肉松、橘汁鱼条、黄心胡萝卜、玉米仁、黄番茄、竹笋、嫩姜、菠萝、柠檬、咖喱墨鱼等。

3. 橙色

橙色的冷菜原料有辣椒鱼条、油焖冬笋、橙子等。

4. 绿色

绿色的冷菜原料有芹菜、莴笋、青椒、黄瓜、豌豆、苦瓜、香菜、绿樱桃、青萝卜、冬瓜皮、蒜苗等。

5. 紫色

紫色的冷菜原料有紫茄子、紫菜、紫洋葱、紫包心菜、紫葡萄等。

6. 褐色

褐色的冷菜原料有酱猪肝、酱牛肉、卤香菇、海带、石花菜等。

7. 白色

白色的冷菜原料有蛋白糕、熟鱼肉、鲜贝、墨鱼肉、茭白、白萝卜、白豆芽、大白菜、白木耳、粉丝等。

8. 黑色

黑色的冷菜原料有水发海参、发菜、水发黑木耳等。

以上各种色彩所对应的原料，在制作冷盘时，可以有选择地使用。

(二) 色彩的搭配

色彩是构成图案的重要因素，在冷盘拼盘中占有极其重要的地位，无论拼制简单或复杂的冷盘，必须考虑色彩的合理搭配。

1. 讲究色彩的对比性

冷菜的颜色有冷暖、明暗之分，暖色调以红、黄、橙为主，冷色调以蓝、靛、紫为主，中色调以白、黑、绿为主。一桌宴席的冷盘色彩不能全是暖色调，也不能全是冷色调，要暖中有冷，冷中有暖，主次分明，才能达到较好的艺术效果。在颜色的各种色相中黄色最亮，紫色最暗，它们安排在一起时，黄色被紫色衬托，黄色显得更亮，紫色显得更暗。白色和黑色安排在一起时，白色被黑色衬托，白色显得更亮，黑色显得更暗。这就是明色调与暗色调的对比作用。应用一明一暗、一暖一冷的配色方法可使色彩更加明快醒目。

2. 讲究色彩的食用性

在冷盘制作时要充分利用原料的本色及质地来拼装，如制作"松鹤展翅"这一艺术冷盘，可选用黄瓜切片做松树叶，卤冬菇做树枝，这样就显得更为逼真，达到理想的效果。有的厨师为了使原材料颜色更加鲜艳，在腌制食品时超标加入硝酸盐等发色剂，这样改变了原料的品质，有损人的身体健康，这是绝对不允许的。

二、菜肴的色彩联想

菜肴的色彩对人心理和食欲的影响，是通过人的视觉器官感受到的这些色彩后产生有意识的相关联想来实现的,因此烹饪工作者必须掌握人们对色彩联想的一般规律。

红色——象征热烈、火红、强烈,使人联想到朝霞、血液、红旗等。菜肴里有红色,给人一种甜美、厚重和味道浓郁的感觉,可增强人们的食欲,使人心情愉悦,如川菜中的红椒鱼片。

黄色——象征光明、辉煌、明亮,使人联想到香蕉、柠檬、蛋糕。黄色的菜肴,给人一种轻快、充满希望和活力的感觉,能增强人们的食欲。

绿色——象征春天、生命、生机。绿色食品是人们向往的食品,绿色的菜肴,给人一种鲜美、新鲜、清淡的感觉。在烹饪新鲜蔬菜时,要注意掌握火候,保持鲜嫩的口感和翠绿的色泽。

棕色——又称酱红色,是最能诱发人们食欲的颜色。加酱油烹饪的菜肴一般呈酱红色,如红烧鱼、红烧肉、东坡肉等。

白色——象征纯白、纯洁、清淡。白色使人联想到白雪、白云。白色的食品给人一种洁净、清淡、素雅和可放心使用的感觉。白色的食材有豆腐、鱼、虾及贝类的肉,这些食材在烹饪中很容易与其他色调的菜肴调和。

黑色——象征庄重、深沉。在食品中,如黑木耳、黑芝麻等,属黑色食品,营养丰富。如黑木耳烧肉,红中带黑,黑中带亮,能引起人的食欲。

三、菜肴的调色处理

菜肴的调色是指各种色彩的菜肴原料结合在一起所呈现出的色彩。例如,番茄炒蛋,一红一黄,黄多红少,红黄相间,呈现出一种金黄色的、热烈的吊人胃口的暖色调;东坡肉呈现酱红色调,也能引起人们的食欲;"闻香下马"中的油炸臭豆腐,色泽黄亮,很是讨人喜欢。

在菜肴的色调处理中,原料的搭配是很重要的,制作者必须熟知菜肴原料加工后的色彩变化,掌握好烹饪的方法、配料和火候,使之呈现一种既对立又协调的色调。如鸡蓉干贝,是由洁白的鸡蓉和乳黄色的干贝组合而成,两者色彩较接近,总体呈现淡雅的色调。

各种色彩的菜肴原料在搭配时,主要有暖色搭配、冷色搭配、同种色搭配、类似色搭配等类型。

精明的厨师对每道菜的色调都十分讲究,此外还要考虑盛器的形状、大小、色彩。如果用紫色的或深蓝色的盛器装红色的菜肴,整体呈红紫色,则会影响人们的食欲。白色的器皿适合各种不同色调菜肴的盛装。例如清蒸鲥鱼,以火腿片、香菇、笋片为配料,并缀以葱、姜。此菜整体呈金黄色,间以黑色、绿色,衬以白色缀花菜盘,整体色调十分协调。

菜肴的色调处理,既要考虑每道菜的色调,又应考虑整桌菜的基调(主色调),使单个菜肴的色调与整桌菜肴的基调协调统一。

任务六 冷盘造型美的形式法则

任务描述

通过学习,了解冷盘造型美的表现形式,掌握冷盘造型各种形式因素的组合规律。

任务分析

通过学习,掌握冷盘造型各种形式因素的组合规律,能够对冷盘造型进行分析。

相关知识

一切美的内容都必须以一定的美的形式表现出来,冷盘造型艺术也不例外。冷盘的美应该是美的形式和美的内容的统一体。美的形式为表现美的内容服务,美的内容必须通过美的形式表现出来。冷盘造型美离不开形式的美。所以,冷盘造型不仅要重视冷盘造型的外在形式,而且要特别重视冷盘造型外在形式的某些共同特征,以及它们所具有的相对独立的审美价值。冷盘造型的形式美是指构成冷盘造型的一切形式因素(如色彩、形状、质地、结构、体积、空间等)按一定规律组合后所呈现出来的审美特性。形式美主要是表现某种审美情调、审美趣味、审美理想。因此,研究并掌握冷盘造型各种形式因素的组合规律及形式法则,对于冷盘造型具有重要的实践意义。

一、单纯一致

单纯一致又称整齐一律,这是最简单的形式法则。在单纯一致中一般看不到明显的差异和对立的因素,这在单拼冷盘造型中最为常见。如单纯的色彩构成的菜肴,碧绿的拌药芹,褐色的卤香菇,油黄色的白斩鸡,酱红色的卤牛肉,乳白色的炝鱼片等。单纯使人产生明净纯洁的感受。一致是一种整齐的美,"一般是外表的一致性,说得更明确一点,是同一形状的一致的重复,这种重复对于对象的形式就成为起赋予定性作用的统一。"(黑格尔:《美学》第1卷,第173页)如长短一致、乌光闪亮的鳝背肉构成的炝虎尾;大小相似、红润鲜美的湖虾围叠而成的盐水虾,厚薄一致、形如网状的藕片做成的酸辣荷藕,都给人以整齐划一、简朴自然的美感。所以,即便是再简单的冷盘造型,只要它符合单纯一致的形式法则,就能给人带来纯朴简洁、平和淡雅的感觉,进而产生愉悦之情。

二、对称均衡

对称与均衡是形式美的又一基本法则,也是使冷盘造型重心稳定的两种基本结构形式。

(一)对称

对称,是以一假象中心为基准,构成各种对应部分的均等关系。对称是一种特殊的均衡形式。对称分为两种,即轴对称和中心对称。

1. 轴对称

轴对称的假象中心为一根轴线,物体在轴线两侧的大小数量相同,为对应状分布,各个对应部分与中央间隔距离相等。轴对称有左右对称、上下对称两种形式。

对称是生物体自身结构的一种符合规律的存在形式。早在狩猎和农耕时代,古人就发现了动物体、植物叶脉的对称规律。人体的外部结构,就是以鼻中心线为轴左右对称的;物体在水中的倒影,则是上下对称的。在长期的生活实践中,人们认识到对称对于人的生存、发展的重要意义,并将对称规律应用于物质生产、艺术创造、环境布置等许多方面。在冷盘造型实践中,为了顺应人们观察食物的习惯即视觉的舒适的需要,对称造型多采用天平式左右对称,创造出如花篮灯、宫灯、双喜盈门、迎宾花篮、金城白塔、万年长青等优美的冷盘造型。

2. 中心对称

中心对称的假想中心为一点,经过中心点将圆划分出多个对称面。在冷盘造型中,三面对称为三拼,五面对称为扇面五拼,八面对称为排拼,十面对称为什锦拼盘等。多面对称冷盘造型形式可表现某种指向性,故又有放射对称、向心对称、旋转对称等。在严格的多面对称形式中,各对应面应该是同形、同色、同量的。

除了上述绝对对称之外,冷盘造型还经常使用相对对称的构图。所谓相对对称,就是对应物体粗看相同,细看有别。如成对的石狮,公母成对,均取坐势,而公狮足踏绣球,母狮足抚幼狮。冷盘造型中亦不乏这类例子,如蝴蝶拼盘,以蝶身为中线的左右两侧的大小蝶翅、蝶尾、蝶须,可做形、色、大小的微调,以显灵动;相向而置的鸳鸯造型,雌雄成双,但在头、背及色彩处理上却有不同;花篮篮口内盛放花的造型,左右并不完全一致,以增加丰富多样之感。数目为偶数的多面对称冷盘,各对应部分同形同量但不完全同色;而奇数面的扇面五拼,则是五种不同色彩构成的组合,观之则多了点律动感。

关于对称的美,美学家乔治·桑塔耶纳的描述甚为精当。他认为:"对称往往是一切最大价值的条件——使人愉快的持久力量,它助成一种美满的效果,这种效果使人心旷神怡而不感到刺激……这种宁静美的真谛和实质来自构成它的那种快感的固有属性。它不是偶然发现的魅力,你的眼睛在陆续浏览这对象之时总是发现一样的感应,一样的合适;对象之适合于领悟,使得你就在知觉的过程中也眉飞色舞。"欣赏对称形式的冷盘造型,会给人以宁静、端庄、整齐、平稳、规则及装饰性的美,但当它被滥用或用之不当时,也会给人以呆板、单调、消极、贫乏、浅薄的印象。因此,有差异有变化的非对称形式的均衡,会令人耳目一新。

(二)均衡

均衡,又称平衡,是指左右(上下)相应的物体的一方,以若干物体换置,使各个物体的量和力臂之积左右相等。均衡有两种,一种是重力均衡,一种是运动均衡。

1.重力均衡

重力均衡原理类似于力学中的力矩平衡。在力矩平衡中,如果一方重力增加一倍,该方力臂缩短一倍或他方力臂延伸一倍,便能取得平衡,即重力与力臂成反比。反映在冷盘造型中,盘中的物体是在有限空间里寻求平衡,构图时也没有力臂,无非是指物体与盘子中心的距离,使整个盘面形成平衡的空间关系。用力矩平衡解说重力均衡,仅仅是一种比喻。对于冷盘造型来说,这种均衡是通过盘中物体的色彩和形状的变化分布(如上下、左右、对角的不等量分布与色彩的浓淡变化),根据一定的心理经验获得感觉上的均衡与审美的合理性。

2.运动平衡

运动平衡,是指形成平衡关系的两极有规律的交替出现,使平衡被不断打破又不断重新形成。在冷盘造型中,表现运动的物体,如飞翔、啄食、嬉闹的禽鸟,纵情飞驰的奔马,翩翩起舞的蝴蝶,欢跃出水的鲤鱼,逐波戏水的金鱼等。运动平衡一般总是选择其最有表现力的顷刻的那种似不平衡状态来达到平衡效果,以凝固最富有暗示性的瞬间表现运动物体的优美形象,给人以广阔的想象空间。

运动是有方向的,人们观察运动着的物体,视点往往追随着它的运动方向而略为超前,因而在冷盘造型时往往在运动前方留有更多的余地,使视觉畅达。另外,一个冷盘造型中的各个物体是构成这一整体不可缺少的组成部分,它们之间是相互联系、彼此呼应的。如冷盘"飞燕迎春",左下侧是一只正在向上振翅翻飞的燕子,所以右侧为其留下了大片的运动空间;又因为飞燕形象地发出了对春天的呼唤,所以在右侧空间随风拂来两枝绽着新绿的柳枝,巧妙地做出了回应。注目审视此造型,倍觉其清新秀丽,灵动飞扬,生机勃发,浑然天成,堪称运动平衡的范例。

均衡的两种形式,强调的是在不对称的变化组合中求均衡。在冷盘造型实践中,凡是均衡的造型,都显得生动活泼,富有生命感,让人振奋;若是处理失当,又容易杂乱,显得没有章法。因此,只有准确把握各种形式因素在造型中的相互依存关系,符合人们的心理需求,就能够获得理想的均衡效果。

三、调和对比

调和与对比，反映了矛盾的两种状态，是对立统一的关系。处理好调和与对比的关系，才有优美动人的冷盘造型形象。

（一）调和

调和是把两个或两个以上相接近的物体相并列，换言之，是在差异中趋向于一致，意在求"同"。例如，冷盘造型色彩中的红与橙、橙与黄、深绿与浅绿等，如杜甫《江畔独步寻花》诗中所云："桃花一簇开无主，可爱深红浅红。"任人赏玩的桃花，千枝万朵，深红浅红并置，融和协调，无不令人喜爱。冷盘造型中不乏此类调和形式的例子。如梅花鹿的造型，以烤鸭做面料，利用其在烤制过程中形成的皮面颜色的深浅变化，切割拼摆而成，虽有枣红、金红、金黄等色彩差异，但给人浑然一体的感觉。又如"花式围拼"造型，是由盘中央几个同心圆和外围相隔排列的若干近似圆构成，相互间有较多的共同点，较少的差异处，因而给人一种协调、谐和的美感。

（二）对比

对比是把两种或两种以上不相同的物体并列在一起，也就是说，是在差异中倾向于对立，强调立"异"。在冷盘造型中，对比是调动多种形式因素来表现的。例如，形态的动与静、肥与瘦、方与圆、大与小、高与低、宽与窄对比；结构的疏与密、张与弛、开与合、聚与散对比；分量的多与少、轻与重对比；位置的远与近、上与下、左与右、向与背对比；质感的软与硬、光滑与粗糙对比；色彩的浓与淡、明与暗、冷与暖、黑与白、黄与紫对比。对比的结果，彼此之间互为反衬，使各自的特性得到加强，变得更加明显，给人的印象也更加深刻。宋代诗人杨万里的名句"接天莲叶无穷碧，映日荷花别样红"，刻画得正是这种意境。

冷盘造型中利用对比形式的例子很多。如"雄鹰展翅"的造型，其中山的静止、低矮、紧凑、小面积空间，都是为衬托雄鹰凌空展翅飞翔时的快疾、高远、舒展的恢宏气势和苍劲勇猛的性格。又比如蝶恋花的造型，一反常情，是以花之小衬托蝴蝶之大，以花之单纯衬托蝴蝶之美艳。再比如红与绿色彩对比，莫过于采用"万绿丛中一点红"方法塑造的红嘴绿鹦鹉的形象，"一点红"嘴红得那么娇艳，"万绿"鹦鹉身绿得那么碧翠，给人以鲜明、强烈的震撼。

调和与对比，各有特点，在冷盘造型中皆可各自为用。调和以柔美含蓄、协调统一见长，但处理失当，会有死板之感。对比有对照鲜明、跌宕起伏、多姿多彩之美，但对比强烈，会使人产生烦躁不安的感觉。所以，从冷盘造型实际需要出发——多表现亲和性而不表现对抗性内容，有助于加强食用效果和艺术感染力。调和与对比处理的方法不是双方平起平坐，各占一半，而是根据需要以一方占主要地位，另一方处反衬地位，即所谓大调和、小对比，或是大对比、小调和。例如，以暖色为主辅之冷色。

四、尺度比例

尺度比例是形式美的一条基本法则。尺度是一种标准,是指事物整体及其各构成部分应有的度量数值。形象地说则是"增之一分则太长,减之一分则太短"。比例是某种数理关系,是指事物整体与部分以及部分之间的数量关系。古希腊毕达哥拉斯学派从数学原则出发,最早提出 1:1.618 的"黄金律",被认为是形成美的最佳比例。

冷盘造型都是在特定的条件和大小的盘子里构造形象,因此尤为重视尺度比例形式法则的应用。

尺度比例是否合适,首先要看造型是否符合形体固有的尺度和比例关系。比如说,哪一部分该长、该大、该粗、该高,哪一部分该短、该小、该细、该低,要准确地在造型中反映出来,而且必须和人们所熟悉的客观事物的尺度比例大体吻合,不能凭臆想去胡乱拼凑,否则"画虎不成反类犬"。所以,掌握好尺度比例,冷盘造型才能准确、规范、鲜明,才能吸引人、打动人。

另外,冷盘造型中的尺度比例不像数学中的尺度比例那样精确,也不能完全等同并照搬客观事物的尺度比例,它必须有助于造型的艺术化表现形式。因此,在冷盘造型实践及其审美欣赏活动中,"尺度比例实质上是指对象形式与人有关的心理经验形成的一定的对应关系"。当一种造型形式因内部的某种数理关系,与人们在长期实践中接触这些数理关系而形成的快适心理经验相契合时,这种形式就可被称为符合尺度比例的艺术化形式。换句话说,这种形式是和规律性与目的相统一的尺度比例形式。

以上所谈的尺度比例,主要是从"似"的角度,强调造型形象表观客观事物的艺术真实性,但这不是唯一的表达形式。为了更有力地表现造型形象,有时需要刻意地去改变事物固有的比例关系,追求"不似似之"的艺术效果。

五、节奏、韵律、重复

节奏是一种合规律的周期性变化的运动形式。节奏是事物正常发展规律的体现,也符合人类生活的需要。昼夜交替、四时代序、人体的呼吸、脉搏的跳动、走路时两手的摆动,都是节奏的反映。韵律则是把更多的变化因素有规律地组合起来加以反复形成的复杂而有韵味的节奏。例如,音乐的节奏,是由音响的轻重缓急及节拍的强弱或长短在运动中合乎一定规律的交替出现而形成的。

重复即反复,是一个基本单位有序地连续再现,是将一个基本纹样作左右或上下连续反复,以及向四周的连续重复的构成形式,是冷盘造型借用的一种简洁、鲜明的节奏形式。比如,太极冷盘,主体正八边形的中心是黑白分明的圆形太极图,在主体外层又围了相间排列的八个圆形小太极图,这个造型的节奏美是由中间八个等量同形的梯形分布的圆形小太极图重复再现和呼应而形成的。在"游龙飞天"的造型中,其身部和腿部的鳞片,为同一原料切成的相同片形经过有规则的连续重复排叠,形成了生命的律动之美。由此可见,重复表现节奏,就是将一种或多种相同或相似的基本要素按照逐渐变化的原则有序地组织起来,例如,用花萝卜、盐水虾、紫菜蛋卷、红肠、芝麻鸭卷等原料,按照渐次原理组构成同心圆式的馒头形造型,虽然很常见也算不上复杂,但却具有旋转向上、渐次变化的律动感。渐变的形式很多,如形体的由小到大、由短到长、由细到粗、由低到高的有序排列,空间由近及远的顺序排列,色彩由明及暗、由淡及深、由暖及冷、由红及绿的顺序排列等。既可以用单一形式表现渐变,也可以用多种形式共同表现渐变。一般来说,渐变中包括的因素越多,效果越好。有人说:"建筑是凝固的音乐。"此话用在以古建筑为题材的冷盘造型中也十分贴切。以扬州名胜古迹——文昌阁而创制的建筑景观造型冷盘,直观形象地再现了文昌阁古朴端庄、轻灵秀丽的美。此造型为对称构图,阁的外层为双层扇面围拼,层层相叠,环环相合,流转起伏,宛如美妙轻盈的圆舞曲;阁的底座由三色同心圆缓缓隆起,拥阁身于正中,并于外层形成间隔,仿佛是两只乐曲转换之间的自然停顿;阁身、阁檐自下而上皆由大及小、由低及高、由粗及细,色彩由深及淡,渐次变化;阁尖顶指天而立,宛如又奏响了一曲激越昂奋的主旋律,余音飘向无际的天际。这个造型利用重复渐次的手法,淋漓尽致地表现了节奏韵律掠人心魄的艺术美。

六、多样统一

多样统一,又称和谐,是形式美法则的高级形式,是对单纯一致、对称均衡、调和对比等其他法则的集中概括。早在公元前7至公元前6世纪,我国的老子就说过"道生一,一生二,二生三,三生万物。万物负阴而抱阳,冲气以为和",表达了万物统一以及对立统一等朴素的辩证法思想。公元前6世纪,古希腊毕达哥拉斯学派最早发现了多样统一法则,认为美是数量的比例关系产生的和谐,和谐是对立统一的规律,把和谐解释为物质矛盾中的统一。

所谓"多样",是整体中包括的各个部分在形式上的区别和差异性;所谓"统一",则是各个部分在形式上的某些共同特征以及他们相互之间的关系。

多样统一是冷盘造型所具有的特性,并应该在冷盘造型中得到具体的表现。表现多样的方面有形的大小、方圆、高低、长短、曲直、正斜等;势的动静、疾徐、聚散升降、进退、正反、向背、伸屈等;质的刚柔、粗细、强弱、润燥、轻重等;色的红、黄、绿、紫等。这些对立因素统一在具体冷盘造型中,既符合规律性又符合目的性,形成了高度的形式美,形成了和谐。

为了达到多样统一,德国美学家立普斯提出了两个形式原理,这对冷盘造型来说很是实用。一是通相分化的原理。就是每一部分都是共同的东西,是从一个共同的东西中分化出来的,如孔雀开屏,分几层花纹,但每一层的每一片羽毛都有共同的或者相似的形态——弧形面。每个相同弧形面连接构成每层相同起伏的波状线,但每层的波状线的起伏是不同的;每层的每个弧形面纹样相互间是相同的,但每层之间的每个纹样又是不同的。由此可知,一个造型的各部分从一个共同的东西分化出来,分化出来的每一部分有共同的东西,但又有变化,构成一个整体,这就是通相分化。

再就是"君主制从属"的原理,也就是中国传统美学思想中所说的主从原则。这条形式原理要求在设计中各部分之间的关系不能是等同的,要有主要部分和次要部分。主要部分具有一种内在的统领性,其他部分要以它为中心,从属于它,就像臣子从属君主一样,并从多方面展开主体部分的本质内容,使设计富于变化和丰富、多样。次要部分具有一种内在的趋向性,这种趋向性又使作品显出一种内在的聚集力,使主题在多样丰富的形式中得到淋漓尽致的表现。次要部分往往在其相对独立的表现中起着突出烘托主题的作用。因此,主与次相比较而存在,相协调而变化;有主才有次,有次才有主,它们相互依存,矛盾统一。这种类型的冷盘造型很多,在这些造型中,主次分明而又协调。

多样统一是变化中求统一,统一中求变化。没有多样性,看不到丰富的变化,显得板滞单调;没有统一性,看不出规律性、目的性,显得纷繁杂乱。因而要达到"违而不犯,和而不同"的审美境界,只有把多样与统一结合在一个冷盘造型中,才能达到完美和谐的效果。

任务七　花色冷盘的拼制

任务描述

通过学习冷菜拼摆的工艺流程,明确菜肴制作的关键和质量要求。

任务分析

通过学习,学生能够了解花色冷盘的拼制特点与形式,独立完成花色冷盘的制作。

相关知识

花色冷盘亦称花色拼盘、象形拼盘、艺术拼盘等。花色指造型物体的形状和颜色。也就是说花色冷盘是用各种质优、味好、色艳的原料,经过加工处理成为美观、可食的菜肴。

花色冷盘是由一般冷盘逐渐发展而来的,是冷菜拼摆的高级形式,也是冷菜拼摆的一种艺术手段。作为冷盘制作者,必须掌握花色冷盘的拼制。

一、花色冷盘的拼制特点

花色冷盘制作难度大,艺术性强,要求色彩鲜艳,用料多样,注重食用,富有营养。它不但给人一种艺术的享受,而且对增进人们的食欲、活跃宴席气氛等方面起到不可估量的作用,具体有如下几方面的特点。

(一)观赏性和可食性双重功能

花色冷盘之所以深受人们欢迎,是它的冷菜属性,以美的造型展示出来,既有观赏性,给人一种视觉的美感,还能给人以味觉、嗅觉、触觉等立体、全方位的感受,满足人们生理和心理的需要。

(二)原料的特性和形状的个性有机结合

冷菜的原料多种多样,有其自身的特点及通过烹调后变化的色彩、形状、质地、品位特征和物质属性。经过合理的刀工处理及拼摆,可以使原料的各种品质特性完全融合在艺术的形象之中,远远超出原料本身的特性,具有象征、情感意义。

(三)主题和意境的渲染

不同的宴席,有不同的主题,花色冷盘有千姿百态的造型,能准确、具体而生动地揭示宴席的主题。如婚宴要突出和谐、美满、吉祥的祝福,用"龙凤呈祥""鸳鸯戏荷"等花色拼盘比较合适;寿宴要突出"寿比南山",应以长寿动植物的造型为主,如"松鹤延年""万年长青"等拼盘;节庆宴用"百花齐放""锦绣花篮"等花色冷盘。由于花色冷盘造型昭示宴席主题,以及由形象所隐喻的象征意义,诱发宾客的审美想象和情趣,渲染宴席气氛,因此受到宾客青睐。

(四)烹饪技术和工艺美术相结合。

花色冷盘和热菜不一样,冷菜具有汤汁少、不油腻、多口味、组织紧密、便于优化形状、短时间放置不影响口味等特点。制作花色冷盘可借助材料的色彩、形状和特点,采用多种拼装摆手法和写实、夸张、抽象、寓意等艺术表现手段,可层出不穷地推出食赏兼具的菜肴。只有将烹调技术和工艺美术相结合,才能使花色拼盘具有长盛不衰的生命活力。

二、花色冷盘的拼制形式

花色冷盘品种繁多,运用科学方法对其复杂多变的形式进行分类,有助于了解它们之间的异同关系,深入探讨花色冷盘造型的规律和拼摆技巧,促进花色冷盘造型工艺的发展。在花色冷盘分类中,依据各地分类标准,大致有如下几种形式。

(一)按花色冷盘造型的空间构成分类

1.平面造型

平面造型是类似浮雕式的造型,是在盘子的平面上拼摆凹凸起伏不平的图案,凹凸的高低与盘面的大小成一定比例,如"丹凤朝阳""秋实硕硕"和一般的扇形等。

2.半立体造型

半立体造型在花色拼盘制作中较为普遍,它介于立体造型和平面造型之间,通常将冷菜的边角碎料堆叠在盘内,造成一定形状,然后用各种整齐的冷菜原料按设计的要求覆盖,形成一定的图案。这种方法造型美观,易于拼摆,如"鲤鱼跃龙门""孔雀开屏"等。

3.立体造型

立体造型类似雕塑造型,是在盘子的平面上塑造三维空间的形象,要求造型美观,立体感强,有观赏价值。如"满篮春色""虹桥美景"等。

(二)按花色冷盘造型的形象艺术特征分类

1.抽象造型

抽象造型又分几何造型和图案造型两大类:几何造型有菱形体、球形体、方形体等;图案造型以写意传神的方式,创造具有深邃意境的造型,如"龙凤呈祥""麒麟"等。

2.具象造型

具象造型又可分为动物类造型、植物类造型、景观类造型、器物类造型和其他类造型(如抽象类造型)。动物类造型有锦鸡、雄鹰、熊猫、鲤鱼、蝴蝶等。植物类造型有花卉造型(如牡丹花、菊花、荷花等)、树木造型(如梅花树、松树、椰树等)、果实造型(如葡萄、桃子等)、叶类造型(如枫叶、荷叶、芭蕉叶等)。景观类造型如"北国风光""锦绣山河"等。器物类造型如"张灯结彩""一帆风顺"等。其他造型如"渔翁钓鱼"等。

3.混合造型

混合造型是动植物类、景观类与器物类、抽象类造型的有机结合。

(三)按花色冷盘造型所用盘碟分类

1.单盘造型

单盘造型就是将多种冷菜拼装在一只大盘中,如"鹦鹉赏梅花""海底世界"等。

2.多盘组合造型

多盘组合造型是选用多只盘碟(有大有小或一大几小的盘碟),把各种冷菜分别拼装在每一只盘碟中,每只盘碟有一定的图案造型,多只盘碟组合成一组大型造型图案,如"百花齐放""百鸟归巢""群鹤献寿"等。

(四)按花色冷盘造型工艺的难易程度分类

1. 简单造型

简单造型又称一般性艺术拼盘,这类拼盘操作工序少,简便实用,通常用于一般性宴席。

2. 复杂造型

复杂造型又称艺术拼盘,其操作工序多,形式考究,拼摆难度大,有一定的艺术意境,如各种千姿百态的具象拼盘等。

三、花色冷盘常用的构图形式

(一)九宫格构图

九宫格构图也称井字构图,属于黄金分割的一种形式。是把画面平均分成九块,在中心块四个角上任意一点的位置来安排造型主体。这四个角的每个点的位置都符合"黄金分割定律",是最佳的位置。这种构图能呈现变化与动感,画面富有活力。这四个点也有不同的视觉效应,上方两点动感就比下方的强,左面比右面强。采用这种构图要注意视觉平衡问题。

(二)十字形构图

十字形构图就是把画面分成四份,也就是通过画面中心画横竖两条线,中心交叉点安放造型主体,此种构图可使画面增加安全感,但存在着呆板等不利因素,适宜表现对称式构图。

(三)三角形构图

三角形构图,在画面中所表达的主体放在三角形中或主体形成三角形的形态,此构图是视觉感应方式,有形态形成的也有阴影形成的三角形态,如果是自然形成的线形结构,这时可以把主体安排在三角形斜边中心位置上。三角形构图能产生稳定感,倒置则不稳定。

(四)三分法构图

三分法构图是指把画面横分成三份,每一份的中心位置都可放置造型主体,这种构图适宜多形态平行焦点的主体。也可表现大空间、小对象,也可反向选择。这种构图画面鲜明、简练。

(五)A 字形构图

A 字形构图是指在造型中,以 A 字形的形式来安排造型的结构。A 字形构图具有极强的稳定感,具有向上的冲击力和强劲的视觉引导力,可表现较大物体及自身所存在的这种形态,如果把表现对象放在 A 字顶端汇合处,此时是强制式的视觉引导。在 A 字形构图中不同倾斜角度的变化,可产生不同的动感效果,而且形式新颖、主体指向鲜明。

（六）S 形构图

S 形构图,在画面中优美感得到了充分的发挥,这首先体现在曲线的美感上。S 形构图动感效果强,既动且稳。可用于各种冷盘的造型,但要根据题材来选择。如山川、河流等自然的起伏变化,也可表现动物、物体的曲线排列变化以及各种自然、人工所形成的形态。S 形构图一般情况下都是从画面的左下角向右上角延伸。

（七）V 形构图

V 形构图是最富有变化的一种构图方法,其主要变化是在方向上的安排或倒放、横放,但不管怎么安放其交合点必须是向心的。V 形构图的双用,能使单用的性质发生了根本的改变。单用时画面不稳定的因素极大,双用时不但具有了向心力,而且稳定感得到了满足。

（八）C 形构图

C 形构图具有曲线美的特点,又能产生变异的视觉焦点,画面简洁明了。在安排主体对象时,必须安排在 C 形的缺口处,使人的视觉随着弧线推移到主体对象。C 形构图可在方向上任意调整。

（九）O 形构图

O 形构图也就是圆形构图,是把造型主体安排在圆心中形成视觉中心。圆形构图可分外圆与内圆构图。外圆构图是自然形态的实体结构,内圆构图是空心结构。内圆构图产生的视觉透视效果是震撼的,视点可安排在画面的正中心,也可偏离中心位置,如左右上角,产生动感,下方产生的动感小但稳定感增强了。

实训一　鸳鸯戏水

【原料】

凉拌鸡丝,拌黄瓜,盐水鸭脯,蛋黄糕,熟火腿,鸡汁卤笋,糖醋胡萝卜,盐水竹节虾仁,卤猪舌,红肠,蛋黄糕,蛋白糕,红辣椒,番茄,紫菜蛋卷,方腿,五香牛肉,琥珀核桃。

【制作工序】

（1）凉拌鸡丝垫底。

（2）左边鸳鸯:先将盐水鸭脯切成片,重叠排列成鸳鸯尾部的羽毛。将红肠、蛋黄糕、蛋白糕、卤猪舌分别切成柳叶形依次排叠成鸳鸯的腹部和翅膀羽毛。红辣椒切成鸳鸯头冠,蛋黄糕刻成翅羽,蛋黄糕刻鸳鸯嘴,蛋白糕切成鸡心形,上面放一个香菇作为眼睛。

(3)右边鸳鸯:将熟火腿切成柳叶形,重叠排成鸳鸯的尾部羽毛。盐水竹节虾仁批半做腹部。蛋黄糕、蛋白糕、糖醋胡萝卜、鸡汁卤笋、卤猪舌切成柳叶形片,叠放成鸳鸯的身体、翅膀和颈部等羽毛。红辣椒做冠,蛋黄糕刻成鸳鸯的嘴,蛋白糕切成鸡心形,上面放一个香菇作为眼睛。

(4)番茄切成梭子形摆成荷花,黄瓜刻成水波作为点缀,黄瓜刻成水草放置鸳鸯下方,紫菜蛋卷切成片叠放于底部,琥珀核桃放在旁边作为水底静物。

(5)方腿、五香牛肉分别切成长方片,放在鸳鸯四周围一圈作为食用原料。黄瓜切成半圆形放在方腿和牛肉外围一圈。

【菜肴特点】

鸳鸯是水鸟,多成双成对出现,且形影不离,同宿同飞,交颈而眠。因此鸳鸯戏水图案寓意夫妻双宿双栖、忠贞不渝、永不分离。在制作时要注意构图,两只鸳鸯不要安排在一条线上,神态要自然。此作品可以用于婚宴之中,以表示喜庆。

【学习重点难点】

制作时要注意,鸳鸯羽毛需选用色彩鲜艳的原料,神态要自然、不呆板;可以适当搭配荷花、荷叶等点缀,但不宜过多。

实训二　凤戏牡丹

【原料】

蛋黄糕,西式红肠,盐水胡萝卜,肴肉,紫菜蛋卷,酱大头菜,五香牛肉,卤鸭脯,葱油鸡丝,油爆虾,盐水猪肝,红樱桃,酸辣白菜卷,拌黄瓜,白糖腰果,拌海蜇。

【制作工序】

(1)蛋黄糕、西式红肠切成长圆片放在长尾的最后端,上面放红樱桃。五香牛肉、盐水猪肝分别切成柳叶形,放置在长尾的两边。一条长尾的中间放油爆虾,另一条长尾中间放紫菜蛋卷。

(2)葱油鸡丝垫底。拌黄瓜切成梳子片,按扁后放在长尾的上端。盐水胡萝卜切成柳叶片,放于黄瓜上方。紫菜蛋卷切成片依次放在凤凰的身体上。肴肉、五香牛肉、酱大头菜等切成柳叶形,排叠成身部羽毛。

(3)凤凰头用盐水胡萝卜雕制。

(4)五香牛肉、蛋黄糕切成柳叶形,酱大头菜和肴肉切成椭圆形,依次排叠成凤凰的翅膀。

（5）西式红肠、酸辣白菜卷分别做成牡丹和大莲花,白糖腰果、拌海蜇、拌黄瓜点缀。

【菜肴特点】

凤是人们心目中的祥兽瑞鸟,牡丹象征富贵吉祥,把牡丹与凤凰放在一起,构成凤戏牡丹的图案。凤戏牡丹图案,除了富贵之意,还被用于婚嫁,是表现民间婚恋的重要题材。在制作时要注意凤凰和牡丹的构图比例,要以凤凰为主。制作凤凰时要注意神态自然,线条流畅,身体与凤尾的比例是1:3。

【学习重点难点】

制作时要注意主体选用色彩鲜艳的原料,如蛋黄糕、胡萝卜等,同时要注意牡丹和凤的比例关系,要以凤凰为主,神态自然,线条流畅。

实训三　彩蝶纷飞

【原料】

肉卷150克,叉烧肉100克,萝卜卷100克,酒醉冬笋100克,胡萝卜100克,卤冬菇100克,酱牛肉100克,火腿肉50克,黄瓜50克,蛋黄糕50克,玉米笋3根。

【制作工序】

（1）将胡萝卜从中间剖开,在其表面刻一些槽,再切成厚0.2厘米的片,放在开水中焯后,加味精、盐、香油腌入味,码成蝴蝶的小翅膀。

（2）将蛋黄糕切成椭圆片,厚0.2厘米,码成蝴蝶大翅膀。将两翅摆放在盘中,再以同样的方法做对称的两个翅膀,中间放玉米笋2根,码成身体形。将红樱桃一分为二,作为眼睛。用黄瓜刻两须,放在眼边上,即成大蝴蝶。此蝴蝶大约占盘子1/4的面积。

（3）将肉卷切片,厚0.3厘米,共切15片,码成蝴蝶的大翅膀,将火腿切成椭圆形片,码在底部小翅膀上。这只蝴蝶是侧面造型,只码半边翅膀即可。

（4）取1根玉米笋,放在身体下部,用胡萝卜刻须两根,放在头前,在头下方放半颗绿樱桃。

（5）将萝卜卷斜切成长1厘米的段,码成一个花形。牛肉切片,码在盘中。冬菇切片后码在盘中。

（6）将黄瓜从中间剖开,斜刀切成片,使其前部相连,然后捻开,点缀在盘中（见图1-25）。

【菜肴特点】

主体是一只翩翩起舞的美丽彩蝶,寓意甜美的爱情和美满的婚姻,表现人类对至善至美的追求。

【学习重点难点】

制作时要注意蝴蝶的翅膀比例关系和透视效果,颜色鲜艳有层次。蝴蝶翅膀呈"倒梯形",身体稍微向下弯曲不宜过长。可以适当制作花朵进行装饰。

图 1-25　彩蝶纷飞

实训四　金鱼戏水

【原料】

盐水鸡 150 克,黄瓜 150 克,胡萝卜 100 克,鸡卷 50 克,紫菜卷 50 克,蛋黄糕 150 克,西红柿 50 克。

【制作工序】

(1)将熟鸡肉撕成细丝,均匀分成 2 份,分别放在盘子中线的两个边上,码成半椭圆形鱼身,头部一侧略大一些。

(2)将黄瓜从中间剖开,顶刀切成厚 0.1 厘米的半圆形片约 30 片,加入盐、味精、香油,使其入味,并腌出水分,以便拼摆。胡萝卜从中间剖开,顶刀切 30 片,厚 0.1 厘米,放入开水锅中吊透后过凉,滤干水分,放入盐、味精、香油,使其入味。此为拼摆鱼鳞所用的原料。

(3)将蛋黄糕切成片,厚 0.1～0.2 厘米,将其码在鱼尾后部,每一尾叉码放 15 片左右。将胡萝卜切成与蛋黄糕相同的片,码在鱼尾两侧。将黄瓜切成与蛋黄糕相同的片,码放在最长的尾上,压在蛋黄糕上面,再以同样的方法码放一层蛋黄糕片,把 3 条尾连在一起。最后,切蛋卷片 6 片,码在上面即为鱼尾。要将金鱼尾部码放整齐,摆出层次。

(4)在蛋卷上面放几片月牙形的黄瓜片,成为鱼尾到鱼身的过渡。将腌好的半圆形黄瓜片,从鱼尾开始一片压一片地码放成鱼鳞形,将鸡丝完全盖住,即为鱼身。

(5)切两个与鱼鳞大小相似的圆形西红柿片,放在鱼身前部,即为鱼眼,并在上面点缀一个较小的黄瓜皮圆片,即为眼球。再在眼的后方放一些小黄瓜月牙片成为鳍,最后在身上码几片相连的胡萝卜片成为背鳍。

(6)此金鱼拼好后,再以同样方法,把另一条金鱼拼好,只是鱼鳞用胡萝卜拼摆,尾用紫菜卷和蛋白糕拼摆眼睛制成绿色,嘴为绿色。在绿色金鱼的身边,用5片西红柿切成的荷花片码成荷花形,并用黄瓜皮刻一片荷叶放在鱼身下部,在红色金鱼的头前部放一棵水草。

(7)使用直径40厘米以上白色圆盘,摆满整个盘面。鱼尾的色彩要艳丽。

【菜肴特点】

金鱼身体较为宽大,鱼尾呈发散状向外发散,故拼摆金鱼时,要将尾部沿身体主方向拼摆。尾长约为身长的1.5倍。

【学习重点难点】

制作时要突出金鱼的形态特点,可以适当添加荷花、荷叶、莲蓬等进行点缀但不可喧宾夺主。

实训五　松鹤延年

【原料】

酒醉冬笋250克,盐水鸡150克,卤冬菇100克,酱牛肉150克,火腿肉200克,黄瓜200克,红樱桃1颗,胡萝卜30克。

【制作工序】

(1)将鸡肉撕成细丝,在盘的中间码成仙鹤的身与颈部,身体部分较宽大,颈较细长,身体部分要比颈部原料高出1~1.5倍。在其翅膀处,也放一些鸡丝,使其与身体相连。

(2)将冬菇切成片,厚约0.2厘米,摆放在鹤翅的下部,从上到下地码成一排。再将冬笋切成月牙片,厚约0.1厘米,从上到下,一片压一片,沿鹤身体码成弧形。颈部选用较小的冬笋片,一直码至头顶,再在颈部靠前部位放一些黑色的冬菇丝,作为颈上黑圈。再将冬笋片码成翅膀,但要将冬菇露出。

(3)将胡萝卜切成厚0.4厘米的片,放在开水中焯透后过凉,刻出两条腿和嘴的形态,放入盘中,并在其头上放1/4颗红樱桃。

(4)酱牛肉切0.2厘米厚的片,并保留其外部较深的色泽,将较大的片码在鹤的腿下,作为粗树干,较小的片码成树枝。将火腿肉切成片,在盘子左侧码成山石状。将黄瓜从中间剖开,斜刀切片,每5片相连,使其挤开后成为松叶状,放入盐、味精、香油腌好后,放在松枝处,摆放成松叶形(见图1-26)。

【菜肴特点】

仙鹤是人们喜爱的长寿鸟,与松树相配有"松鹤延年"之说。仙鹤颈长,头有红顶,翅膀上第三级飞羽为黑色,站立时收于尾部,故站立时为黑色尾巴。仙鹤的颈长、身长、腿长,拼摆时要将其身体、腿、颈长度保持一致。松树在拼盘构图中起点缀、衬托的作用,不宜拼摆整体松树。

【学习重点难点】

注意把握仙鹤的形态,体部羽毛摆放要整齐。松叶的摆放注意自然逼真,有密有疏。

图1-26　松鹤延年

实训六　迎宾花篮

【原料】

火腿250克,肉卷200克,松花蛋1个,萝卜卷100克,蛋黄糕100克,糖水橘子150克,糖水山楂150克,红樱桃5颗,黄瓜100克,西红柿1个。

【制作工序】

(1)将火腿肉切成长8厘米、宽2厘米、厚0.1厘米的片,将切下的碎料放在盘中堆成一个梯形面,靠近中线部分较大。将火腿肉从左到右码放在盘中,成为中间高两侧低的弧形面,作为篮身。

(2)将肉卷切成厚0.3厘米的片,码放在篮身的上面做篮沿。码放时,其高度要超过火腿肉的高度,使花篮具有立体感。取1/3个西红柿,切成厚0.2厘米的片,保持原有的切片顺序,放在花篮底部,并把其中一边堆成直线靠在火腿肉上,作为篮穗。

（3）将糖水橘子挤干水分，在篮沿上围一个拉篮。把黄瓜从中间剖开，斜刀切成每5片相连的厚片，并将其第二片、第四片卷回，成为虎爪状，放在橘瓣拉篮的两侧下端。

（4）萝卜卷切成1.5厘米长的段，切时刀与原料成30°角，码成花形。

（5）松花蛋切成8瓣，成橘瓣形，码放成放射形。将蛋黄糕切成半圆形片，厚0.1厘米，围成一个花形，在中间放半颗红樱桃。将黄瓜从中间剖开，再斜刀切片，厚约0.1厘米，并使其一边相连，切两片，放盐、味精、香油腌好，挤干后作为万年青叶子。

（6）把糖水山楂放在中间，作为万年青果实。

（7）将所码的原料花放在篮上，即为花篮的造型。

【菜肴特点】

迎宾花篮由篮筐部分、花卉部分组成，两者各占盘子的一半。由于此拼盘主要供宾客食用，所以篮筐的用料较单一且量较大，花卉部分每朵花为一种原料，色泽丰富，口味多变。一般不使用萝卜雕刻的花卉来点缀。花篮底部色泽较重。

【学习重点难点】

制作中注意色彩搭配，尽量使原料色泽鲜艳一些，给人一种富贵、喜庆的气氛。

实训七　锦绣前程

【原料】

盐水鸡150克，黄瓜150克，胡萝卜150克，蛋黄糕100克，酱猪肚100克，酱牛肉100克，盐水肝100克，火腿肉150克，盐水鸡蛋1个，红樱桃4颗，红柿子椒1个，蛋白糕50克。

【制作工序】

（1）选一根长20厘米的黄瓜，片成厚0.5厘米的长片。胡萝卜切成厚0.5厘米、长15厘米的片，刻成尾羽形，并在上面用小圆筒捅一些孔。在胡萝卜尾上放黄瓜小片，镶入尾羽中，再用盐、味精、香油将尾羽腌入味。

（2）将鸡肉撕成细丝，摆放在盘左边中间，使之中间较高、头尾部较低，再将尾巴摆在其后。

（3）将蛋黄糕、胡萝卜、蛋白糕、黄瓜均切成长4厘米的月牙形片各20片，从尾部向头的方向码放，第一层放蛋黄糕片，第二层放胡萝卜片，第三层放黄瓜片，第四层放蛋白糕片，码至头部即可。

（4）再将蛋白糕片、黄瓜片、胡萝卜片、蛋黄糕片码成翅膀形，置于身体上侧。将黄瓜片成薄片，切成极细的丝，腌出水分，放入香油，码在头部，作为头部细毛。

（5）取胡萝卜和红柿子椒各一个，刻出头、眼和腿，将其放在相应的位置上。

（6）将盐水肝、火腿肉、酱牛肉、胡萝卜、蛋黄糕均切成片,码放在盘子底部。鸡蛋切成8瓣放在底部。

（7）将猪肚切成弧形丝,点缀成兰花状。

（8）把黄瓜切成相连的长片,卷成花叶,点缀在鸡尾后部的山石上,并用樱桃片围成一朵小花放在上面。再切一些小片点缀成数朵小花。

（9）将盐水肝切成树枝状,放在盘子上方,并用蛋黄糕刻成桃花形,点缀在树枝上,在每朵花的底部放一小片黄瓜作为绿叶,即成(见图1-27)。

【菜肴特点】

锦鸡又名金鸡,是山鸡的一种,其色彩绚丽,形象生动,象征前程似锦。锦鸡头部较大,颈部、头部羽毛艳丽,尾羽的长为身长的1.5倍以上,一般主尾3根,一长两短。拼摆中常将其尾拼成一长一短。

【学习重点难点】

制作中注意整体色泽要丰富、鲜艳。上面点缀桃花为宜,因桃树开花为春季。

图1-27　锦绣前程

实训八　荷塘小景

【原料】

西红柿250克,叉烧肉200克,鸡肉卷200克,蛋黄糕50克,黄瓜100克,胡萝卜20克。

【制作工序】

（1）将西红柿去皮,用其肉切成荷花瓣形状,放入白糖使之腌入味。在黄瓜皮上刻出荷叶形状,并用刀将其片下,放入盐、味精、香油,使之入味,再刻3个荷花茎一同腌入味。

(2)将西红柿片放入盘中码成3朵荷花,以右上方荷花为主,其用料多,花形较大。其余两朵放在盘子中间偏上和右下方,这样使荷花构图在盘中较为稳定。将荷叶点缀在荷花之间,起到丰富色彩、调剂口味的作用。

(3)将叉烧肉切成厚0.2厘米的片,鸡肉卷切成厚0.3厘米的片,蛋黄糕切片备用。将上述3种原料放在盘中摆成山石、湖畔图案,将糖水橘子放在右侧边上。

(4)用胡萝卜刻成蜻蜓的身体,用黄瓜切成翅膀片,拼放在盘子上方。放两个青豆或两个小圆形黄瓜片作为蜻蜓眼睛(见图1-28)。

【菜肴特点】

此拼盘图案以夏日的荷塘为主题,以盛开的荷花、飞舞的蜻蜓构成活泼的画面。底部的原料,是对岸上景物的体现,也起到了提高食用价值的作用。

【学习重点难点】

此拼盘以红色荷花为主色调,配以绿色的荷叶、棕色的山石、黄色的蛋卷等原料,色泽非常鲜艳。

图1-28 荷塘小景

实训九 雄鸡报晓

【原料】

海带200克,胡萝卜50克,黄瓜100,红曲鸡150克,蛋白糕100克,蛋黄糕100克,盐水鸡200克,红柿子椒1个,酱牛肉200克,火腿肉100克。

【制作工序】

(1)将海带洗净,放入酱肉锅中煮至酥烂,取出滤干汤汁,凉后切成鸡尾羽毛形状。

(2)将鸡肉撕成细丝,放在盘子中间码成一鸡身形态,鸡头部位原料较低,鸡身处原料较高,尾部原料较宽,身子下部摆出两个较高的腿的形状。

(3)将海带片放在鸡尾部位,使之相互叠压成为扇形面。

(4)将蛋白糕切成厚0.1厘米的柳叶形片,压在鸡尾根部。蛋黄糕也切成同样的片,放在蛋白片的上面,在蛋黄片上方靠鸡颈处再压一层蛋白片。

(5)取红曲鸡胸肉,去骨带皮,顶刀切成厚0.2厘米的片,码作鸡身的部分,共码放3层,码放部位接近鸡的颈部。火腿肉切成柳叶片,以同样的方法码第二层,使原料位置接近于头。

(6)取1根黄瓜,从上面斜刀切下一块椭圆的原料,将较大的一侧切成片,并使之相连,用盐、味精、香油腌后,放在鸡头的部位,把垫底的原料压住,不可漏出。

(7)取胡萝卜2片,厚0.5厘米,刻成两个鸡爪形状。将红柿子椒刻成鸡嘴和鸡冠形状,摆在鸡身相应的部位。

(8)将牛肉切成厚0.2厘米的片,放在鸡爪下面,码成山石形状,并在前面点缀一些竹子、兰花等装饰原料(见图1-29)。

【菜肴特点】

雄鸡报晓是公鸡早晨鸣叫的姿态,鸡头部高昂,颈部向上伸展,整体重心向前倾斜,腿部用力蹬踏地面,使其身体达到了最高点,形态挺拔向上。画面背景空旷,体现出早晨安静的气氛,在山石两侧点缀一些小草和竹子,使整体画面活泼生动。

【学习重点难点】

拼摆中注意头、身的色泽鲜艳一点,而尾部和拼盘下面部分色泽较重,使画面达到视觉的平衡。

图1-29　雄鸡报晓

实训十　绶带观花

【原料】

蛋白糕 100 克,蛋黄糕 100 克,鸡丝 50 克,火腿肉 200 克,盐水肝 150 克,黄瓜 150 克,红柿子椒 1 个,胡萝卜 20 克,蛋卷 150 克,萝卜卷 50 克,黄瓜卷 50 克,红樱桃 5 颗,绿樱桃 5 颗。

【制作工序】

(1)将蛋白糕、蛋黄糕均切成厚 0.5 厘米的片,刻成尾羽,并在其后面处点缀一些红绿樱桃,使其色彩鲜艳。

(2)将鸡丝码放在盘中堆出鸟的身体形态。黄瓜去皮,从中间剖开,切成厚0.1厘米的月牙片,放入盐、味精、香油,腌入味,将其码成身体形态,摆放方法与鸡丝相同,注意将其尾羽摆放成流线形。

(3)将盐水肝切成长 3 厘米、宽 0.5 厘米、厚 0.1 厘米的月牙形片,码成翅膀形,拼放在鸟身两侧。

(4)用胡萝卜刻成鸟爪形,放在身体与尾相连处。红柿子椒刻成嘴和头冠,在其头部点缀一红色的眼睛。

(5)将火腿肉及蛋卷切成片,放盘子下部码成山石。萝卜卷、黄瓜卷码成花卉形状(见图 1-30)。

【菜肴特点】

绶带鸟的"绶"因与"寿"谐音,故常以绶带鸟表示长寿之意。绶带鸟尾羽较长,色泽鲜艳,其身体部分色泽淡雅,头上有羽冠,其尾羽一般为身长的 2 倍。

图 1-30　绶带观花

【学习重点难点】

拼摆中注意要掌握好绶带鸟飞翔的姿势,使之生动自然,鸟身整体色泽淡雅,下部点缀色泽较重。

模块小结

本模块主要阐述了冷盘拼制的艺术要求及方法。在冷盘制作过程中,要求学生掌握冷盘拼制的色彩、设计及冷盘拼制图案的基本法则。冷盘的拼制分为一般冷盘拼制和花色冷盘拼制。本章就冷盘拼制列举了代表性的冷盘品种,使学生在学习过程中,由浅入深,循序渐进,掌握不同冷盘的拼制方法。

能力测评

一、填空题

1.冷菜拼摆装盘,是指将加工好的冷菜,按一定的规格要求和形式,进行刀工切配处理,再( )的一道工序。

2.( )是根据拼盘的特定要求,将修切原料所剩下的一些形态不太整齐的边角料,堆在盘底,作为盖面的基础。

3.( )就是拼制艺术拼盘不可缺少的操作手法。原料要经过多种刀法处理成不同的形状,拼摆在已构成大体轮廓的冷菜上,( )的艺术拼盘。

4.构思是冷盘拼制的( ),尤其艺术冷盘的构思要具有丰富的想象力,要从立意题材、形象、色彩、构图、选料、烹制、刀工等方面周密思考。

5.冷盘拼制一般多用于( ),而宴席种类繁多,要根据宴席的主题和形式来构思。如婚宴可用"喜鹊登梅",寿宴可用"松鹤献桃",迎送宾客可用"百花齐放"等图案。

6.无论是一般小聚还是不同标准的宴席,在构思时要全面考虑,既要分清档次,又要做好( )。

7.构图就是设计图案,是在构思之后,主要解决( )等问题,要根据美学的观点将所表现的形态巧妙地展现出来。

8.冷盘拼制在构图时必须( ),还要考虑图案整体结构上的艺术效果。

9.冷盘拼制要求内容完整统一。结构上要有规律,不可松散、零乱,绝不能( ),整个图案必须完整统一。

10.每一种原料都有色彩,冷盘在拼制时,色彩有时是根据原料原有的( )来选择的

11.色彩在冷盘拼盘中占有极其重要的地位,是( )的主要因素之一。

12.制作"松鹤展翅"这一艺术冷盘,选用黄瓜切片作松树叶,卤冬菇作松树

枝,就显得更为逼真,达到理想的美感效果。这种制作注意色彩拼盘的(　　)。

13.花色冷盘是由(　　)逐渐发展而来的,是冷菜拼摆的高级形式,也是冷菜拼摆的一种艺术手段。

14.在"鲤鱼跃龙门""孔雀开屏"等花色冷盘的空间构成中,运用了(　　)。

15.(　　)又称整齐一律,这是最简单的形式法则。

16.(　　)与(　　)是冷盘造型求得重心稳定的两种基本结构形式。

17.均衡有两种,一种是(　　),一种是(　　)。

18.(　　),又称和谐。是形式美法则的高级形式,是对单纯一致、对称均衡、调和对比等其他法则的集中概括。

19.均衡的两种形式,强调的是在(　　)的变化组合中求均衡。

20.(　　)、(　　)、(　　)是形成色彩的三个基本条件。

21.色彩三要素也称色彩的三属性,即(　　)、(　　)、(　　)。

22.(　　)是指无法用其他颜色进行混合配制而得出的颜色。

23.色彩的对比主要有(　　)。

24.因色彩的明度差异而形成的对比,叫(　　)。

25.菜肴的色彩对人心理和食欲的影响,是通过人的(　　)受到的这些色彩后产生有意识的相关联想来实现的。

26.在烹饪新鲜蔬菜时,要注意(　　),使之保持鲜嫩的口感和翠绿的色泽。

27.菜肴的调色是指(　　)。

28.在菜肴的色调处理中,是很重要的,制作者必须熟知菜肴原料加工后的色彩变化,掌握好烹饪的方法、配料和火候,使之呈现一种(　　)。

二、单项选择题

1.在(　　)时,宜选用人们喜闻乐见的花木鸟兽以及象征吉祥、幸福,给人带来美好、欢喜感受的艺术形象。

A.制作冷盘　　　　B.冷盘构图　　　　C.构思冷盘　　　　D.花色冷盘

2.各地的冷菜原料各有特色,艺术拼盘选用的原料应(　　),以形成本地风味。

A.就地取材　　　　　　　　B.严格按照规定

C.依照客人的爱好　　　　　D.根据价格标准

3.要全面考虑器皿的大小、式样、颜色,一般图案在器皿中所占的比例约占(　　)。

A.1:5　　　　　　B.2:5　　　　　　C.3:5　　　　　　D.4:5

4.冷盘的拼制在器皿颜色的选择上最好以(　　)的为好,这样易与原料在颜色上形成明显、清晰的对比,使图案更为突出。

A.浅色　　　　　　B.花色　　　　　　C.深色　　　　　　D.褐色

5. 艺术拼盘一般由不同色彩、不同口味的冷菜组成,在色彩的组合上应按( )分清主次。

　　A. 构思的内容　　B. 构图的内容　　C. 构思　　　　D. 构图

6. 色彩的选择往往同原料结合在一起。在冷盘拼制过程中,应尽量以原料的( )为主选料。

　　A. 自然色　　　　B. 人工上色　　　C. 深色部分　　D. 浅色部分

7. 红辣椒、番茄、红樱桃等在原料的颜色中属于( )。

　　A. 红色　　　　　B. 黄色　　　　　C. 橙色　　　　D. 绿色

8. 把番茄修成一朵月季花,有种生机盎然的感觉。这在制作中体现了( )。

　　A. 观赏性和可食性双重功能　　　　B. 原料的特性和形状个性有机结合

　　C. 主题和意境的渲染　　　　　　　D. 烹饪技术和工艺美术相结合

　　E 外形和内涵相衬托

9. "松鹤延年"和"万年长青"等拼盘在制作中突出了( )。

　　A. 观赏性和可食性双重功能　　　　B. 原料的特性和形状个性有机结合

　　C. 主题和意境的渲染　　　　　　　D. 烹饪技术和工艺美术相结合

　　E 外形和内涵相衬托

10. 花色冷盘是用各种质优、味好、色艳的原料,经过( )成为美观、可食的菜肴。

　　A. 打磨处理　　　B. 刀工处理　　　C. 人工处理　　D. 人工拼制

11. 花篮灯、宫灯、双喜盈门等冷盘采用的是( )。

　　A. 单纯一致　　　B. 对称均衡　　　C. 调和对比　　D. 多样统一

12. ( )在单拼冷盘造型中最为常见。

　　A. 单纯统一　　　B. 对称均衡　　　C. 调和对比　　D. 多样统一

13. 调和与对比,反映了( )两种状态,是对立统一的关系。

　　A. 结构　　　　　B. 内外　　　　　C. 矛盾　　　　D. 左右

14. 冷盘造型是在特定画面和大小的盘子里塑造形象,因此尤为重视尺度( )形式法则的应用。

　　A. 大小　　　　　B. 矛盾　　　　　C. 外在　　　　D. 比例

15. ( )又称和谐,是形式美法则的高级形式,是对单纯一致、对称均衡、调和对比等其他法则的集中概括。

　　A. 单纯统一　　　B. 对称均衡　　　C. 调和对比　　D. 多样统一

16. 中间色又称为( )。

　　A. 第一次色　　　B. 第二次色　　　C. 第三次色　　D. 第四次色

17. 因不同色相之间的差异形成的对比,叫作(　　)。

A. 明度对比　　　　B. 纯度对比　　　　C. 冷暖对比　　　　D. 相对比

E. 大小对比

18. 俗话说"万绿丛中一点红",这句话反映了冷盘色彩对比的(　　)。

A. 明度对比　　　　B. 纯度对比　　　　C. 冷暖对比　　　　D. 相对比

E. 大小对比

19. 明度指色彩的(　　)明暗程度。

A. 身前　　　　　　B. 身后　　　　　　C. 身旁　　　　　　D. 整体

20. 色彩的情感是通过(　　)体现出来的。

A. 对比　　　　　　B. 复色　　　　　　C. 调和　　　　　　D. 色调

21. 棕色又称(　　)。

A. 酱红色　　　　　B. 酱紫色　　　　　C. 棕红色　　　　　D. 黑棕色

22. (　　)的菜肴,给人一种轻快、充满希望和活力的感觉,能增强人们的食欲。

A. 红色　　　　　　B. 白色　　　　　　C. 棕色　　　　　　D. 黄色

23. 无论是菜品,还是面点产品,已经不再是单独的表现,必须和(　　)紧密联系。

A. 菜品　　　　　　B. 整体色彩　　　　C. 整个宴席　　　　D. 大部分宴席

24. 食用色素应用于(　　)最为普遍。

A. 菜肴烹制　　　　B. 盘饰围边　　　　C. 果盘装饰　　　　D. 面点制作

25. 不溶于水的色素有(　　)。

A. 红曲　　　　　　B. 焦糖色　　　　　C. 叶绿素　　　　　D. 可可色

E. 姜黄

26. (　　)使用范围比较窄,只用于汤、羹类面点制品。

A. 碗　　　　　　　B. 盘　　　　　　　C. 藤制品　　　　　D. 碟

27. 有些水果去皮后暴露在空气中,会迅速发生色泽变褐或变红,因此,去皮后应迅速浸入(　　)中护色。

A. 清水　　　　　　B. 盐水　　　　　　C. 苏打水　　　　　D. 柠檬水

三、多项选择题

1. 冷盘拼摆的基本原则是(　　)。

A. 先主后次　　　　B. 先大后小　　　　C. 先下后上　　　　D. 先远后近

E. 先尾后身

2. 装盘的基本要求是(　　)。

A. 色彩要和谐　　　B. 刀工要整齐　　　C. 拼摆要合理　　　D. 盛器要选择

E. 用料要合理

3. 装盘的手法主要有排、堆、叠围和（　　）。

A. 贴　　　　　　B. 摆　　　　　　C. 覆　　　　　　D. 扎

E. 点缀

4. 熟制方法可分为（　　）。

A. 蒸煮类　　　　B. 油炸类　　　　C. 浸泡类　　　　D. 单色卷

E. 多色卷

5. 酒店和餐馆的宾客来自国内外，因（　　）不同，对冷盘拼摆要求也不一样。

A. 民族　　　　　B. 宗教信仰　　　C. 饮食习惯　　　D. 生活爱好

E. 兴趣爱好

6. 冷盘构图设计的好坏，直接关系到成品是否有（　　），是冷盘拼制的重要一环。

A. 艺术性　　　　B. 食用性　　　　C. 观赏性　　　　D. 可塑性

E. 持久性

7. 艺术拼盘的刀工精湛，拼装的时间也较长，尤其是在大型宴会或桌数较多的情况下，构思时应根据（　　）等因素确定合适的题材。

A. 资金的多少　　　　　　　　　B. 技术力量

C. 从业人员的多少　　　　　　　D. 时间长短

E. 宴会的场所

8. 在冷盘构图中要遵循的基本法则是（　　）。

A. 整齐一致　　　B. 整体统一　　　C. 对称均衡　　　D. 节奏韵律

E. 经济价值

9. 在冷盘拼制时，要从（　　）来进行构思。

A. 根据宾客的对象　　　　　　　B. 根据宴席的主题

C. 根据费用标准等因素　　　　　D. 根据原料的供应情况

E. 根据人力和时间

10. 黑色的冷菜原料有（　　）。

A. 熟水发海参　　B. 发菜　　　　　C. 卤香菇　　　　D. 水发黑木耳

E. 熟墨鱼肉

11. 花色冷盘的拼制特点有（　　）。

A. 观赏性和可食性双重功能　　　B. 原料的特性和形状的个性有机结合

C. 主题和意境渲染　　　　　　　D. 烹饪技术和工艺美术相结合

E. 外形和内涵相衬托

12. 按花色冷盘造型的空间构成分类,分别是( )。

A. 抽象造型　　　　B. 平面造型　　　　C. 具象造型　　　　D. 半立体造型

E. 立体造型

13. 按花色冷盘造型所用盘碟的数量分类,可分为( )。

A. 单盘造型　　　　B. 双盘造型　　　　C. 三盘造型　　　　D. 多盘组合造型

E. 混合造型

14. 由多面对称冷盘造型形式中可表现某种指向性,故又有( )。

A. 放射对称　　　　B. 向心对称　　　　C. 旋转对称　　　　D. 左右对称

E. 上下对称

15. ( )形冷盘的品质反映了冷盘形式美法则中的对称均衡( )。

A. 花篮灯　　　　　B. 宫灯　　　　　　C. 双喜盈门　　　　D. 迎宾花篮

E. 金城白塔

16. ( )的品质反映了冷盘形式美法则中的节奏韵律( )。

A. 太极冷盘　　　　　　　　　　　B. 文昌阁景观造型冷盘

C. 孔雀开屏冷盘　　　　　　　　　D. 鲤鱼图冷盘

E. 水果拼盘

17. 多样统一,又称和谐,是形式美法则的高级形式,是对( )的集中概括。

A. 单纯一致　　　　B. 对称均衡　　　　C. 调和对比　　　　D. 尺度比例

E. 节奏韵律

18. 冷盘形式美要求( )。

A. 单纯一致　　　　　　　　　　　B. 对称均衡

C. 调和对比　　　　　　　　　　　D. 尺度比例、节奏韵律

E. 多样统一

19. 原色为( ),通常又称为三原色。

A. 红　　　　　　　B. 黄　　　　　　　C. 蓝　　　　　　　D. 黑

E. 白

20. 以下( )色是中间色。

A. 红　　　　　　　B. 橙　　　　　　　C. 紫　　　　　　　D. 绿

E. 蓝

21. 冷盘色彩对比有( )。

A. 明度对比　　　　B. 纯度对比　　　　C. 冷暖对比　　　　D. 相对比

E. 大小对比

22. ( )色纯度最高。

A. 红　　　　　　　B. 黄　　　　　　　C. 蓝　　　　　　　D. 黑

E. 紫

23. 色彩三要素也称色彩的三属性,即(　　　)。

A. 色相　　　　　B. 中间色　　　　　C. 明度　　　　　D. 纯度

E. 原色

24. 红色象征(　　　)。

A. 热烈　　　　　B. 火红　　　　　C. 革命　　　　　D. 强烈

E. 辉煌

25. 白色的冷菜原料有(　　　)。

A. 豆腐　　　　　B. 鱼　　　　　C. 虾　　　　　D. 木耳

E. 香菇

26. 各种色彩的菜肴原料在搭配时,主要为(　　　)。

A. 调色处理　　　B. 暖色搭配　　　C. 冷色搭配　　　D. 同种色搭配

E. 类似色搭配

27. 经酱油烹饪的菜肴一般呈酱红色,如(　　　)。

A. 鸡蓉干贝　　　B. 红烧鱼　　　C. 红烧肉　　　D. 东坡肉

E. 油炸臭豆腐

28. 冷盘装饰的作用是(　　　)。

A. 突出冷盘装饰特色　　　　　　B. 丰富制品内涵

C. 突出制品主题　　　　　　　　D. 融和菜肴内容

E. 提升宴席品质

29. 几乎所有的可食性原料,都可以在冷盘装饰中得到应用,具体到原料的挑选,因为要考虑到(　　　)。

A. 色泽　　　　　B. 形态状态　　　C. 质地要求　　　D. 价格

E. 产地

30. 冷盘装饰原料的挑选原则为(　　　)。

A. 严格使用范围,遵循法律法规

B. 因需选料

C. 色彩搭配符合烹饪美学和审美要求

D. 雅致简约

E. 自然色彩原料

31. 用围边装饰的材料,既具有观赏性,又具有可食性,所使用的装饰原料不能含有(　　　)。

A. 防腐剂

B. 消毒剂

C. 非食用色素(或超量使用食用色素)

D. 其他可能损害人体健康的物质

E. 二噁英

32. 冷盘围边装饰的分类为(　　　)。

A. 不可食性围边装饰　　　　　　B. 可食性围边装饰

C. 混合性围边装饰　　　　　　　D. 植物围边装饰

E. 肉类围边装饰

四、判断题

1. 平行拼摆法可分为直线平行拼摆法、斜线平行拼摆法和交叉平行拼摆法等三种拼摆形式。　　　　　　　　　　　　　　　　　　　　　　　　(　　　)

2. 一般来说冷菜的装盘分为三个步骤、五种手法。　　　　　　　　(　　　)

3. 在主料四周围上一些不同颜色的配料,称为"围边"。　　　　　　(　　　)

4. 荷兰人对黄色菊花反感认为不吉利,而法国人对黄色花较喜欢。　(　　　)

5. 构图就是设计图案,是在构思之后。　　　　　　　　　　　　　(　　　)

6. 艺术拼盘能否生动地展示在宾客的面前,关键在构图时能否掌握住各种动植物的特征。　　　　　　　　　　　　　　　　　　　　　　　　　　(　　　)

7. 冷盘拼制图案时使用的法则很多,有时仅用一种法则去制作某一图案的冷盘就足够了。　　　　　　　　　　　　　　　　　　　　　　　　　　(　　　)

8. 在腌制食品时超标加入亚硝酸盐等发色剂,改变了原料的品质,有损人的身体健康,这是绝对不允许的。　　　　　　　　　　　　　　　　　　(　　　)

9. 在颜色的各种色相中黄色最暗,紫色最亮,它们安排在一起时,黄色为紫色所衬托,黄色显得更暗,紫色为黄色衬托,紫色显得更亮。　　　　　　(　　　)

10. 具象造型又分为动物类造型、植物类造型、景观类造型、器物类造型、抽象造型。　　　　　　　　　　　　　　　　　　　　　　　　　　　　(　　　)

11. "百花齐放"这个花色拼盘属于单盘造型。　　　　　　　　　　(　　　)

12. 复杂造型又称艺术拼盘,其操作工序多,形式考究,拼摆难度大,有一定的艺术意境,如各种千姿百态的具象拼盘等。　　　　　　　　　　　　(　　　)

13. 在冷盘造型实践及其审美欣赏活动中,尺度比例实质上是指对象形式与人有关的心理经验形成的一定的对应关系。　　　　　　　　　　　　　　(　　　)

14. 冷盘造型美的研究不仅重视具体的冷盘造型的外在形式,而且重视冷盘造型外在形式的某些共同特征。　　　　　　　　　　　　　　　　　　(　　　)

15. 即便是再简单的冷盘造型,只要它符合单纯一致的形式法则,就能成为纯朴简洁、平和淡雅的愉悦之情的经常来源。　　　　　　　　　　　　(　　　)

16. 多样统一是变化中求统一,统一中求变化。　　　　　　　　　(　　　)

17.多样统一应该是冷盘造型所具有的特性,并应该在冷盘造型中得到具体的表现。　　　　　　　　　　　　　　　　　　　　　　　　　　（　　）

18.色彩越纯、越艳,纯度越低;反之,色彩越浊、越灰,纯度越高。　（　　）

19.对比色的调和指色相同属一种色的强对比,如同属绿色的蔬菜,虽有深浅之分,但极易统一。　　　　　　　　　　　　　　　　　　　　（　　）

20.红花和绿叶搭配在一起时,红色为中间色,绿色是原色,相比之下,绿色比红色略浊;当它们相互映衬在一起的时候,红色比绿色显得更纯,红花在绿叶的衬托下,更加鲜艳夺目。　　　　　　　　　　　　　　　　　　（　　）

21.用中间色间隔的方法使对比过弱的色彩趋于调和。　　　　　（　　）

22.在烹饪中,色彩的前进与后退应用,主要通过菜肴的叠放(有规则或无规则),通过底菜衬托主菜,盛器衬托菜肴,使菜肴的色彩刺激人们的视觉器官,形成一系列心理和生理反应,从而引起人们的食欲。　　　　　　　　（　　）

23.为了更好地突出产品特色,变单调为多元,丰富菜品内涵,必须通过一定的手段来外化和表达,对菜品进行有目的的装饰,是实现这一目标的有效手段。
　　　　　　　　　　　　　　　　　　　　　　　　　　　　　（　　）

24.严格使用范围,遵循法律法规,这是选择冷盘装饰原料的原则。（　　）

25.在挑选色彩原料时,颜色的搭配并非无关紧要,和谐的色泽搭配可以给人视觉的冲击和享受,过多过滥的色泽反而降低美感。　　　　　　　（　　）

26.通盘考虑制品本身包含的颜色和器皿的色泽,总体颜色不能过多,过多则显得混乱炫目,影响冷盘制品本身艺术主题效果。　　　　　　　　（　　）

五、简答题

1.冷菜装盘的一般步骤是什么?

2.简述冷菜装盘的手法和具体应用方法有哪些?

3.冷菜装盘点缀应注意哪几点?

4.可以叠放起来的冷菜有哪些?

5.排法有几种方式?

6.冷盘拼制时,要从哪几方面进行构思?

7.在冷盘拼制构图时,要从哪几方面考虑? 简述其内容。

8.冷盘拼制要遵循的基本原则有哪些? 举例说明。

9.简述原料的自然色彩,举例说明。

10.简述花色冷盘的拼制特点。

11.简述花色冷盘的拼制形式,举例说明。

12.运用所学花色冷盘的知识,拼制一个三色拼盘。

13.简述冷盘造型美的法则。

14. 举例说明对称均衡的内容。
15. 简述多样统一的内容,并举例说明。
16. 简述色彩的对比。
17. 简述色彩的三要素,并举例说明。
18. 简述冷盘的色彩调和。
19. 食用天然色素及食用合成色素有哪些?

项目二

果蔬雕刻工艺

学习目标

➢ 了解果蔬雕刻常用的工具和使用方法。

➢ 熟练掌握各种雕刻品种的制作方法。

➢ 掌握各雕刻品种的雕刻程序及要领。

模块一　果蔬雕刻的基础知识

本模块是学习果蔬雕刻的基础内容,通过学习果蔬雕刻的基础知识,了解果蔬雕刻制作的要求、原料的选择和制作过程中要注意的问题,掌握果蔬雕刻常用的工具和使用方法。

任务一　果蔬雕刻的设计原则与要求

任务描述

本任务介绍果蔬雕刻制作的基础知识、设计原则与要求、原料的选择和制作过程中要注意的问题。

任务分析

通过学习,使学生对果蔬雕刻有初步认识,掌握常用工具的使用方法。

相关知识

果蔬雕刻就是把各种具备雕刻性能的可食性原料,通过特殊的刀法,加工成形状美观、栩栩如生、具有观赏价值的工艺作品。

果蔬雕刻花样繁多,取材广泛,无论古今中外,花鸟鱼虫,风景建筑,神话传说,凡是具有吉祥、美好象征的,都可以用艺术的形式表现出来。

果蔬雕刻是美化宴席、陪衬菜肴、烘托气氛、增进友谊的造型艺术,不论是国宴还是家庭喜庆宴席,都能显示出其艺术的生命力和感染力,使人们在得到物质享受的同时,也能得到艺术享受。一个精美的菜肴如果陪衬着一个贴切菜肴的雕刻作品,会使菜肴更加光彩夺目,使人不忍下箸,如"火龙串烧三鲜""凤凰戏牡丹""天女散花""英雄斗志""渔翁钓鱼"等,由于菜肴和雕刻浑然一体,使菜肴和雕刻在寓意与形态上达到协调一致的效果。

雕刻技术大多是厨师根据自己的实践经验逐渐摸索积累起来的,非一日之功,要想掌握这门技艺,一方面要加强雕刻刀法的训练,另一方面还要具有一定的艺术素养,学习一些构图知识,并且在日常生活中观察和提高表达形象的能力,不断实践和总结经验,精益求精,这样才能真正掌握这门技艺,在工作中发挥特殊的作用。

果蔬雕刻是我国烹饪文化中一项宝贵的艺术,它与其他工艺美术雕刻原理基本相似,由于它使用的原料不同、价值不同,又具有独特的艺术性,因而成为我国烹饪技术中一个重要的组成部分。为了继承和发扬这门技艺,我们必须认真学好果蔬雕刻技术。

一、果蔬雕刻的设计原则与要求

(一)果蔬雕刻的原则

果蔬雕刻是美化菜肴、追求"美食"的一种造型艺术,主要用来烘托饮食气氛,刺激人们食欲,同时使宾主赏心悦目,得到艺术的享受。在制作和应用果蔬雕刻时,应掌握如下几项原则。

1. 选用题材的正确性

果蔬雕刻应根据宾客的风俗习惯、宗教信仰、忌讳或爱好来确定题材,应侧重于祥和、吉庆、祝福之类的作品,如喜庆宴席用"宫灯",寿宴用"松鹤延年"等雕品,这种"此时无声胜有声"的效果,不但会引起宾客的共鸣,而且还渲染了宴席的气氛。

2. 突出原料的天然本色

果蔬雕刻的原料多种多样,有脆性、韧性等,颜色也丰富多彩,有红、白、绿、紫等,在雕刻时应根据雕品的形态及品种,灵活运用原料本色的差别和借用原料本色的反差,如雕刻西瓜灯、金鱼等作品,在原料雕刻时对有突出颜色的部分应给予保留,而不宜用食用色素进行调色,只有这样才能体现出原料纯天然本色和果蔬雕刻的魅力。

3. 讲究雕品的艺术性

果蔬雕刻的艺术性主要突出两个方面,一是"写实",即讲究形似,甚至达到以假乱真的程度;二是"写意",即讲究神似,如复杂的风景、动植物的形象等,采用概括、夸张、变形等手法,以求其神。总的来讲,要根据原料本身的特点,要求构图简洁、雅致,不可滥用堆砌,弄得大红大绿,庸俗不堪,使人望而生厌。

4. 注重雕品的实用性

果蔬雕刻的作品要广泛应用到冷菜、冷拼及宴席中去,其主要取决于雕品的大小、品种的多少、速度的快慢,一般来说小的雕品适用于点缀菜肴的盘边上,其速度要快;较大的雕品,如零雕整装和组合雕品适用于宴席及展示用;大型雕品,如黄油雕、冰雕、糖雕适用于大型的冷餐酒会或大型的展示台上。只有注重实用性,果蔬雕刻作品才能具有较强的生命力。

5. 应用雕品的科学性

果蔬雕刻作品在应用中,应对冷菜、冷拼及菜肴起到衬托或装饰作用,给人以新奇、优美之感,主要注意雕品与菜肴在色泽、比例、命名、数量、场合等方面是否科学合理,只有这样,果蔬雕刻与菜肴才能相映生辉。

(二)果蔬雕刻的要求

要掌握果蔬雕刻这门技艺,不但要懂得食品原料的选择和熟练运用各种刀具,而且还要有一定的艺术修养,不断创新,才能雕出主题鲜明、生动逼真、形态优美、色彩明快的雕品。

1. 对果蔬雕刻原料的要求

果蔬雕刻原料丰富多彩,常用的有瓜果类、根茎类、叶菜类、蛋品类及熟食制品等。从事果蔬雕刻,既要广泛运用食品原料,又要懂得如何选择原料。

(1)要根据雕品的大小与形态来选择原料。雕刻成品有大有小,形状千姿百态,选择原料时最好要近乎雕品形状,这样可以减少修整时间,节约原料。

(2)要根据雕品的色泽来选择原料。雕刻成品色彩五颜六色,最好选用与雕品颜色接近的自然色泽的原料,再略加巧妙的配色,以达到绚丽多彩的效果。在选择原料时要挑选脆嫩不软、肉质细密、内实不空、韧而不散的原料为佳。

2. 对果蔬雕刻刀具的要求

因雕品不同,运用的刀工刀法也不同,使用的刀具也不一样,但各种刀具必须光亮而不锈,刀刃锋利,刀身轻便,使用灵活,有利于雕刻。

3. 对果蔬雕刻技术的要求

果蔬雕刻技术的高低是决定雕品成败的关键,要学好这门技术,必须掌握如下几点。

(1)要有一定的艺术修养。要学习绘画、构图等有关美学知识和艺术表现手法,还要在生活中不断观察和积累素材,不断创新,使雕品富有时代气息。

(2)要勤学苦练。在雕刻时做到落刀准确,轻快有力,实而不浮,韧而不重,干净利落,得心应手。只有反复实践刻苦锻炼,才能熟练地掌握各种雕刻的刀工刀法。在学习中还要虚心好学,多看别人的作品,多动脑筋,多动手苦练,多总结经验教训。

(3)要有严格细致的工作作风。果蔬雕刻所用的原料,大多是比较脆嫩易损的食品,一不小心就会因刻坏(如西瓜、冬瓜等)而前功尽弃。所以,必须耐心细致地工作,才能雕刻出理想作品。

(4)对果蔬雕刻成品的要求:果蔬雕刻的成品一定要形态逼真、生动活泼,富有情感。对那些既供观赏又具可食性的雕品,既要讲究艺术性,还要讲究食用性,不宜过分地摆弄、触摸,要有时间及卫生的概念,否则会给人一种华而不实及不卫生的感觉。在设计雕品时,要根据主题、规格和饮食对象构思设计,雕品要有思想性、季节性、针对性、艺术性和科学性。

二、果蔬雕刻原料的选择

果蔬雕刻采用的原料极为广泛,植物性原料有根菜类、茎菜类、瓜果类、叶菜类等;动物性原料有蛋类、肉类、禽类、黄油类等。这些原料在质地、色泽、产地、上市季节等方面各不相同,在雕刻时可根据时间、地点、需要、季节选择适当的原料。

果蔬雕刻的常用原料有两大类,一类是质地细密、坚实脆嫩、色泽纯正的根、茎、叶、瓜、果等蔬菜;另一类是既能食用又能供观赏的熟食食品,如蛋类制品。但最为常用的还是前一类。

现将常用的蔬菜品种的特性及用途介绍如下。

(1)青萝卜:体形较大,质地脆嫩,适合刻制各种花卉、飞禽走兽、风景建筑物等,是比较理想的雕刻原料。秋、冬、春三季均可使用。

(2)胡萝卜、水萝卜、莴笋:这三种蔬菜体形较小,颜色各异,适合刻制各种小型的花、鸟、鱼、虫等。

(3)红菜头:又称血疙瘩,由于色泽鲜红,体形近似圆形,因此适合雕刻各种花卉。

(4)马铃薯、红薯:质地细腻,可以刻制花卉和人物。

(5)白菜、圆葱:这两个品种的蔬菜用途较为狭窄,只能雕刻一些特定的花卉,如菊花、荷花等。

（6）冬瓜、西瓜、南瓜、茭瓜、玉瓜、黄瓜：因为这些瓜其内部是带瓤的，可利用其外表的颜色、形态刻制各种浮雕图案。如去其内瓤，还可作为盛器使用，如瓜盅和镂空刻制瓜灯，黄瓜等小型原料可以用来雕刻昆虫，加工后起装饰、点缀的作用。

（7）红辣椒、青椒、香菜、芹菜、茄子、红樱桃，葱白、赤小豆：这些品种主要用来作为雕刻作品的装饰。

（8）蛋类：蛋类有鸡蛋、鸭蛋、皮蛋、鹌鹑蛋、鸽蛋等，这些原料通过加热成熟后能雕刻花篮、荷花、小鸡、小鸭等。另外用蛋制成黄色、白色蛋糕或三色蛋糕，用途更为广泛，可拼制或雕刻成各种各样的动植物形象。

（9）熟食制品：熟食制品主要是经加工、烹调的冷菜，如五香牛肉、卤肫、油鸡、盐水鸭、酱鹅、卤冬菇等，可雕刻成假山、鸟的羽毛、鱼的鳞片、花瓣、花木草等，多用于拼装艺术冷盘。

除上述常用的雕品原料外，还有很多水果、藻类、菌类原料。雕刻大型雕品，还可采用黄油、冰块、糖液来雕制，所以要根据各种原料的质地、颜色、特性、用途来广泛选择原料，雕刻出更好的作品。

三、选用果蔬雕刻原料的原则

在选择果蔬雕刻的原料时，要注意以下几条原则：

（1）要根据雕刻作品的主题来进行选择，切不可无的放矢。

（2）要根据季节来选择原料，因蔬菜原料的季节性很强。

（3）选择的原料要质地坚实，无缝隙，纤维整齐、细密，分量重，颜色纯正。作为果蔬雕刻作品，必须表面光洁，具有质感。

四、果蔬雕刻的原料和成品的保管

果蔬雕刻的原料和成品，由于受到自身质地和条件的限制，保管不当极易变质，既浪费原料又浪费时间。为了尽量延长其贮存和使用时间，现介绍几种贮藏方法。

（一）原料的保存

瓜果类原料多产于气候炎热的夏秋两季，因此，宜将原料存放在空气湿润的阴凉处，这样可保持水分不至于蒸发。萝卜等产于秋季，用于冬天，宜存放在地窖中，上面覆盖一层 0.3 米多厚的砂土，以保持其水分，防止冰冻，可存放至春天。

（二）半成品的保存

半成品的保存方法是把雕刻的半成品用湿布或塑料布包好，防止水分蒸发、变色。尤其注意的是雕刻的半成品千万不要放入水中，因为此时放入水中浸泡，会使其吸收过量水分而变脆,不利于下次雕刻。

(三) 成品的保存

成品的方法有两种:一种是将雕刻好的作品放入清凉的水中浸泡,或放少许白矾,以保持水的清洁,如发现水质变浑或有气泡需及时换水;另一种方法是低温保存,即将雕刻好的作品放入水中,移入冰箱或温库中,以不结冰为好,使之长时间不褪色,质地不变,延长使用时间。

五、果蔬雕刻的类型及特点

果蔬雕刻涉及的内容非常广泛,品种也多种多样,采用的雕刻形式也有所不同,大致可分为以下五种。

(一) 整雕

整雕又叫立体雕刻,就是把雕刻原料刻制成立体的艺术形象,在雕刻技法上难度较大,要求也较高。其特点是依照实物,独立表现完整的形态,不需要辅助支持,单独摆设,造型上下、左右、前后均可供观赏,具有较高的欣赏价值。

(二) 零雕组装

零雕组装是分别用多种原料雕刻成某一物体的各个部件,然后集中组装成完整的物体。其特点是色彩鲜艳,形态逼真,不受原料大小、色彩的限制。零雕组装的雕品,在制作过程中必须严格认真,尤其每个部件大小的比例要恰当,色彩搭配要合理,组装时小心谨慎,才能组装成理想的成品。这种方法适宜组装大型作品。

(三) 浮雕

浮雕,顾名思义就是在原料的表面雕刻出形象。浮雕又有阴纹浮雕和阳纹浮雕之分。阴纹浮雕是用“V”形刀,在原料表面插出凹形的线条图案,此法在操作时较为方便;阳纹浮雕是将画面形象之外的多余部分刻掉,留有“凸”形,高于表面的图案,这种方法比较费力,但效果很好。另外,阳纹浮雕还可根据画面的设计要求,逐层推进,以达到更高的艺术效果,此法适合于刻制亭台楼阁、人物、风景等,具有半立体、半浮雕的特点,其难度和要求较大。

(四) 镂空

镂空,一般是在浮雕(形成)的基础上,将画面之外的多余部分刻透,以便更生动地表现出画面的图案。如西瓜灯等。

(五) 模扣

模扣也叫“平雕”,是指用不锈钢片或铜片剜制成的各种动物、植物等的外部轮廓的食品模型。使用时,可将雕刻原料切成厚片,用模型刀在原料上用力向下按压成型,再将原料一片片切开,或配菜,或点缀于盘边;若是熟制品,如蛋糕、火腿等可直接入菜,以供食用。这种雕品以花鸟、禽兽等图案轮廓为主,多用于点缀菜肴、作为配料或大型雕品的辅助雕品,因方法简单、速度快,广为厨房所用。

六、果蔬雕刻的运用及注意事项

果蔬雕刻在菜肴中的运用是多方面的,它不仅是美化宴席、烘托气氛的造型艺术,而且在与菜肴的配合上更能表现出其独到之处。它能使一个精美的菜肴锦上添花,成为一个艺术佳品;又能和一些菜肴在寓意上达到和谐统一,令人赏心悦目,耐人寻味。

菜肴对雕刻作品的使用是有选择的,它是根据菜肴的内容和具体要求,来决定雕刻作品的形态和使用方法的。

把果蔬雕刻用到凉菜上,一般是将雕刻的部分部件配以凉菜的原料,组成一个完整的造型,如"孔雀开屏",孔雀的头是雕刻的,而身上的其他部位,如羽毛等,则是用黄瓜、火腿肠、酱牛舌、拌鸡丝、辣白菜等荤素原料搭配而成的,使雕刻作品与菜肴原料浑然一体。

果蔬雕刻在热菜上运用,则要从菜肴的寓意、谐音、形状等几方面来考虑。如荷花鱼肚这个热菜,配以一对鸳鸯雕刻,则变成了具有喜庆吉祥寓意的"鸳鸯戏荷";再如扒熊掌配上一座老鹰雕刻,借其谐音,则变成了"英(鹰)雄(熊)斗志",妙趣横生;从造型上构思,一盘浇汁鱼的盘边,配上一个手持鱼竿的渔童雕刻,成为"渔童垂钓",使整个菜肴与雕刻作品产生协调一致的效果。

在具体摆放时,凉菜与雕刻作品可以放得近一些,热菜与雕刻作品则要远一些,如在雕刻作品的周围用鲜黄瓜片、菜花等进行围边,既可增加装饰效果,又不相互影响。

总之,果蔬雕刻应用灵活多变,不论是陪衬菜肴还是美化台面,在造型上要求都很严格,这就要求厨师既要有美食家的风格,又具有艺术家的风采,使果蔬雕刻真正成为烹饪技术中不可缺少的一个组成部分。

任务二　果蔬雕刻常用刀具和刀法

任务描述

本任务介绍果蔬雕刻制作的常用工具的使用方法和果蔬雕刻的步骤。

【任务分析】

通过学习,使学生了解果蔬雕刻常用工具的使用方法,掌握果蔬雕刻的步骤。

【相关知识】

一、果蔬雕刻常用工具

果蔬雕刻的工具没有统一的规格和式样,一般是厨师根据实际操作的经验和对作品的具体要求自行设计制作的。由于不同地区的厨师雕刻手法的不同,所以在工具设计上也有所不同。现将常见工具介绍如下。

(一)直刀

直刀在雕刻过程中的用途最为普遍,是不可缺少的工具(见图2-1),适用于雕刻有规则的物体,如刻月季花、蔷薇等。刀刃的长度12厘米,宽为1.5厘米。直刀一般是用锋钢锯条制作的。

图2-1 直 刀

(二)分刀

分刀一般用来切割大块的原料(见图2-2)。

图2-2 分 刀

（三）U 形刀、V 形刀

U 形刀（见图 2-3）和 V 形刀（见图 2-4）是根据不同的雕刻品种来进行选择的。可以由一种形状按刀刃的大小分为几种大小不同的规格，最大的刀口宽为2.5厘米，最小的刀口宽度为0.3厘米。这类刀具在雕刻中用途最为广泛，主要适用于雕刻花卉的花朵、花瓣、花芯及鸟类的羽毛、翅膀、尾部等。

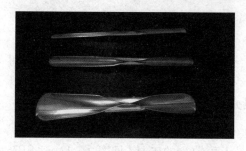 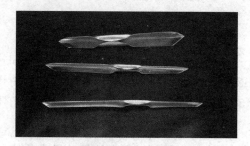

图 2-3　U 形刀　　　　　　　　　　　　图 2-4　V 形刀

（四）模型刀

模型刀是根据各种动植物的形象，用薄铁片或铜片制成各种形状的模型，用它按压原料加工成型，然后切片使用。模型刀种类很多，一般有梅花、桃子、葡萄叶、蝴蝶、鸽子、小鸟、兔、鹿、松鼠、喜字等刀具。

（五）镊子、剪子

这两种小工具用途也很广，镊子用来安装和夹起一些点缀物，剪子用来修剪花卉和其他作品（见图 2-5）。

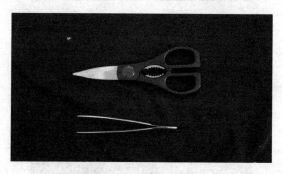

图 2-5　剪子、镊子

二、果蔬雕刻的握刀方法

果蔬雕刻的握刀方法有其特殊性，现将几种常用握刀方法介绍如下。

（一）横刀手法

横刀手法是指右手四指横握刀把,拇指贴于刀刃的内侧,在运刀时,四指上下拉动,拇指则按住所要刻的部位,在完成每一刀的操作后,拇指自然回到刀刃的内侧(见图2-6)。此手法适用于各种大型整雕及一些花卉的雕刻。

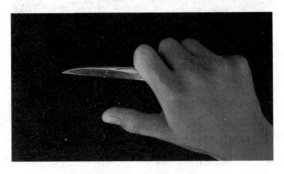

图2-6　横刀手法

（二）纵刀手法

纵刀手法是指四指纵握刀把,拇指贴于刀刃内侧。运刀时,腕力从右至左匀力转动。此手法适用于雕刻表面光洁、形体规则的物体,如各种花蕊的坯形、圆球、圆台(见图2-7)等。

图2-7　纵刀手法

（三）执笔手法

执笔手法是指握刀的姿势形同握笔,即拇指、食指、中指捏稳刀身。此种手法主要适用于雕刻浮雕画面,如西瓜盅等。

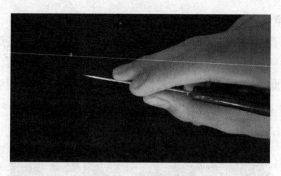

图 2－8　执笔手法

（四）插刀手法

插刀手法与执笔手法大致相同,区别是小指与无名指必须按在原料上(见图 2－9),以保证运刀准确,不出偏差。

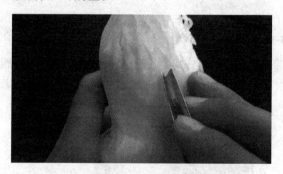

图 2－9　插刀手法

三、果蔬雕刻的常用刀法

雕刻刀法是指在果蔬雕刻中运用的刀法。果蔬雕刻的刀法与墩上加工切配菜肴原料时所用的刀法不同,它有着独到之处。果蔬雕刻所采用的刀法既有艺术性又有特殊性,因各种原料的性质及雕品的类型不同,必须掌握各种不同的刀法,才能雕出优秀作品。在果蔬雕刻过程中,执刀的方法只有随着作品不同形态的变化而变化,才能表现出预期的效果,符合主题的要求,所以,只有掌握了执刀的方法才能运用各种刀法雕刻出好的作品。现根据前辈厨师的雕刻技法和对刀具的具体使用总结如下几种刀法。

（1）旋:旋的刀法多用于各种花卉的刻制,它能使作品圆滑、规则,又分为内旋和外旋两种方法。外旋适合于由外层向里层刻制的花卉,如月季、玫瑰等;内旋适合于由里向外刻制的花卉或两种刀法交替使用的花卉,如马蹄莲、牡丹花等。

(2)刻:刻的刀法是雕刻中最常用的刀法,它始终贯穿雕刻过程中。

(3)插:插的刀法多用于花卉和鸟类的羽毛、翅、尾、奇石异景、建筑等作品,它是由特制的刀具所完成的一种刀法。

(4)划:划是指在雕刻的物体上,划出所构思的大体形态、线条,具有一定的深度,然后再刻的一种刀法。

(5)转:转是指在特定雕刻的物体上表现的一种刀法,使作品具有规则的圆、弧形状。

(6)画:画这一刀法,对雕刻大型的浮雕作品较为适用,它是在平面上表现出所要雕刻的形象的大体形状、轮廓。雕刻西瓜盅时多采用此种刀法,一般使用斜口刀。

(7)削:削是指把雕刻的作品表面"修圆",使作品达到表面光滑、整齐的效果。

(8)抠:抠是指使用各种插刀在雕刻作品的特定位置时,抠除多余的部分。

(9)镂空:镂空是指雕刻作品时达到一定的深度或透空时所使用的一种刀法。

四、果蔬雕刻的步骤

果蔬雕刻应根据自身的特点,按照一定的规律进行操作,才能创作出优秀的作品。一般可分以下几个步骤。

(一)命题

命题就是确定雕品题材。在追求艺术美的同时,要考虑到宾客对象、饮食的主题、时令的要求等因素,从而达到题、形、意三者高度的统一,同时还要注意以下几方面。

1.雕品题材要满足宾客风俗习惯

各民族均有自己的喜好和厌忌,例如,我国的婚宴常选用"龙凤呈祥""鸳鸯戏荷";为老人举办寿宴,常用"松鹤延年"等作品,表示吉祥、长寿、祝福的含义。国宴中,应考虑参加国宴宾客的忌讳和爱好,例如,伊斯兰教国家忌用猪及其他动物原料;日本人忌用荷花;法国人忌用黄色的花等。

2.雕品题材要有思想性和艺术性

例如举行国宴招待外国来宾,雕品的题材大多常用"百花齐放""万年长青",这样能体现"热烈欢迎"和"友谊长存"的含义,而不能用我国和外国的国旗、国徽、军旗等来做雕品题材。果蔬雕刻不但要考虑宾客的喜好、宴会的主题、原料的供应情况,而且还要考虑雕刻的时间及技术能力是否能达到,否则主题再好也无法实现。

（二）选料

选料就是根据题材和雕品类型选择合适的原料。选用什么样的原料、雕哪些品种和哪些部位，要胸有成竹，做到大材大用，小材小用，使雕品的色彩和质量均达到题材设计的要求。

（三）定型

定型就是根据雕品的主题思想及使用场合，决定雕品的类型及造型及考虑雕品的大小、长短、高低等。

（四）布局

布局就是根据作品的主题思想、原料的形态和大小来安排作品的内容。首先应安排主要部分，再安排陪衬部分，要以陪衬部分来烘托主题部位，使主题更加突出。如雕刻"龙凤呈祥"时首先要考虑龙头布置在什么部位，凤头安排在什么地方，云彩怎么安排，这些都要合理布置，否则显得杂乱无章，无法使整个画面协调完美。

（五）雕刻

雕刻是命题的具体表现，是最重要的一环。雕刻方法多种多样，有的要从里向外雕，有的要从外向里雕；有的要先雕刻头部，有的要先雕刻尾部，这都要根据雕品内容和类型而定。一般雕刻顺序是：先在原料上画好底稿，刻出轮廓，再进行精雕细刻。

任务三　食品雕刻在菜肴中的应用

任务描述

本任务介绍果蔬雕刻在菜肴中的应用与配合。

任务分析

通过学习，使学生了解果蔬雕刻的应用方法，能够做到根据需要设计雕刻相应的作品。

相关知识

食品雕刻在烹饪实践中占有非常重要的地位。食品雕刻与菜肴之间又是互相作用、互相影响、密切相关的。食品雕刻能全面提高菜肴的品质，弥补菜肴在形状和颜色方面的不足,点明菜肴主题,表达菜肴的完整内容和意义,并赋予菜肴丰富的文化内涵;而菜肴则是食品雕刻设计的基础。雕刻品与菜肴不能各自独立、互不关联。

不过,人们在评价一道菜肴质量的时候,最先看重的是"味"和"养",故专家们把"味"和"养"称作是菜肴的核心和灵魂,而与色、形、意等关系密切的食品雕刻只能占从属地位,是为菜肴服务的。因为说到底,烹饪活动不是美术展览,人类饮食活动的首要目的是补充营养和享受美味,然后才谈得上精神上的享受。食品雕刻作品制作得再精细,再完美,也不能脱离餐饮的目的而独立存在。

很多菜肴都要用到食品雕刻,特别是在烹饪大赛和高档宴席上。现在的餐饮业评价菜肴的标准有色、香、味、形、意、养几个方面。其中色、形、意都与食品雕刻的应用有关系,特殊情况下,食品雕刻的应用与菜肴的"香"也有联系,例如,用水果雕刻成容器来盛装菜肴,水果的香味也可渗透到菜肴中。因此,在很多场合下,食品雕刻是菜肴不可分割的一部分,食雕作品的质量好坏,食雕作品与菜肴之间的搭配是否恰当,对评价一道菜肴的质量至关重要。

烹饪也是一门艺术,因此我们在设计一道菜肴时,首先应该追求菜肴整体上的完美,色、香、味、形、意、养多方面因素有机配合,就雕刻品而言,"搭配得好"比"雕得好"更加重要。

那么怎样才能设计出合适的食雕作品呢? 简单地说,就是要从菜肴入手。一道菜肴的每个侧面,如原料性质、制作方法、口味、口感、外形、色泽、菜肴起源、命名方法等,都可以成为设计食雕作品的切入点,只要其中有一条特点能刺激你的大脑,引起你丰富的、美好的联想,你就可以设计出一个合适的食雕作品,通过"形"的塑造,"色"的调配,表达出菜肴整体的"意"。具体可分下面几种情况。

一、雕刻作品与菜肴主料的性质相配合

这是最常用的一种方法,即将菜肴的主料形象以艺术品的形式雕出来,反过来装饰这道菜肴。客人既可从雕刻品中欣赏到厨师的手艺,又能看出菜肴所用的原料。例如,菜肴的主料是大虾,则雕刻品可设计几只大虾配上珊瑚或浪花(如炒虾仁、爆虾球、如意大虾等);如菜肴的主料是羊肉,雕刻品可设计为一只或几只羊(如香酥羊腿、孜然羊肉、葱爆羊肉等);如菜肴的原料是鸡肉、乳鸽、飞龙、乌鸡等,雕刻品可设计为公鸡、鸽子、锦鸡、凤凰、孔雀、小鸟等(如香酥飞龙、脆皮乳鸽、宫保鸡丁、纸包鸡翅、豉椒鸡球等)。

二、雕刻作品与菜肴成品的形状相配合

如菜肴的形状是若干个椭圆的鸡蛋形状,雕刻品可设计为一只母鸡或凤凰、锦

鸡等鸟类(如母子团圆、三鲜凤蛋、虎皮鸽蛋、凤卧新巢等菜肴);如菜肴的形状是丸子形状,雕刻品可设计为腾龙(金龙戏珠、吉利虾球、珍珠丸子等);菜肴的形状是绣球形状(即在丸子表面沾上一层丝状辅料),雕刻品可设计为中国狮子(狮子滚绣球、绣球鲜贝、绣球鱼丸等);如菜肴的形状是菊花形状,雕刻品可设计为螃蟹、竹篓或松梅等(如菊花里脊、菊花青鱼、岁寒三友);如菜肴的形状与牡丹花或月季花相似,雕刻品可设计为凤凰、孔雀或其他鸟类(如花开富贵、花好月圆、花团锦簇、凤戏牡丹等);如菜肴的形状是菠萝或荔枝等热带水果形状,则雕刻品可设计为椰子树、芭蕉树(如荔枝腰花、菠萝鱼球等);如将原料用花刀处理成麦穗状或玉米棒状,那么雕刻品可设计成粮囤、农舍、碾子、磨盘等形状(如五谷丰登、丰收鱿鱼、粮果满仓);如菜肴的形状是珊瑚形状,雕刻品可设计为群虾、神仙鱼、贝壳等(如珊瑚牛肉、珊瑚鱼等)。

三、雕刻作品与原料生存生长的环境相配合

即雕刻作品所营造的气氛和环境,非常适合菜肴主料或辅料的出现,雕刻品与菜肴之间有着非常密切的联系。如菜肴的主料是鱼,则雕刻品可设计为浪花、白鹭、鸬鹚、翠鸟、小船、小桥等(如西湖醋鱼、糟熘鱼片、清汤鱼面、橄榄鱼球等);如菜肴的主料是鸭、鹅等水禽,则雕刻品可设计为荷花、荷叶、莲蓬、睡莲等(如盐水鸭、炸鸭方、脆皮火鹅等);如菜肴的原料是萝卜、白菜或蘑菇、蕨菜等素料,则雕刻品可设计为小白兔、小栅栏、葫芦藤、牵牛花、小松鼠等(如珊瑚萝卜卷、佛手白菜、酿香菇合、炸蕨菜卷等)。

四、雕刻作品与菜肴的特殊香味相配合

有些菜肴因主料、辅料的原因或使用了特殊调料而具有某种特殊的香味,可从这些香味入手设计一些雕刻品。如有的菜是用竹叶或竹筒、竹帘等包裹后加热成熟的,因此菜肴具有竹香,故可用莴笋或黄瓜雕几株翠竹,配上一两只小鸟即可(如竹筒鸡、竹夹鱼、竹香蒸排骨等);如菜肴中加了椰蓉或椰油后具有了椰香,可将雕刻品设计为几株挺拔的椰树,还可配上一只大象(椰香鱼卷、奶黄椰丝卷等);如菜肴是用荷叶包裹成形后蒸熟的,可将雕刻品设计为荷花、荷叶、莲蓬等(如荷叶粉蒸肉、荷香豉汁蒸鳗鱼等)。

五、雕刻作品与原料的地域特色相配合

某些原料的地域特色非常明显,因此可从这一点入手设计雕刻品。如用仙人掌制作的菜肴,可将雕刻品设计成骆驼(如清炒仙人掌、仙人指路等);用澳洲特产制作的菜肴,可将雕品设计成袋鼠、鸵鸟、鳄鱼等(如刺身澳洲龙虾、蒜蓉蒸澳带、XO酱爆

鸵鸟肉、红烧鳄鱼肉等);如用北极贝、三文鱼、加拿大象拔蚌等原料制成的菜肴,因原料产于寒冷地区,且多用于刺身,原料上桌时要垫上冰块,故可将雕品设计成北极熊或企鹅(刺身北极贝、刺身三文鱼);如菜肴的原料是东北特产,则雕品可设计为东北虎或梅花鹿等(如扒猴头菇、香酥飞龙、烧鹿筋、熏大马哈鱼、清蒸大白鱼等)。

六、雕刻作品与菜肴互相呼应

也就是说将雕刻品与菜肴作为一个有趣事物的两个方面展示出来。雕刻品多为主动一方,菜肴为被动一方。例如,菜肴是一尾完整的鱼,则雕品可设计为一位正在钓鱼的渔翁,或正在捕食的鸬鹚、白鹭等水鸟(如清蒸鲈鱼、西湖醋鱼、油浸鱼等);如菜肴的主料是用冬瓜雕好的象棋子,将棋子挖空后酿入肉馅蒸熟装盘,则可雕两个正在下棋的老叟摆在菜肴两侧(意为旗开得胜、其乐融融);如菜肴的主料是兔肉,则雕刻品可设计为一只鹰,寓意兔子蹬鹰(如麻辣兔丁、五香熏兔等);如菜肴原料是甲鱼、螃蟹、乌龟、蛇等形状怪异的爬行动物,雕刻品可雕一尊宝塔,因为在我国民俗中,宝塔有镇妖避邪的作用(如红烧甲鱼、避风塘炒蟹、椒盐蛇段等)。

七、容器式雕刻作品与菜肴配合

如果菜肴的形状是较细小的粒、丁、丝等形状,可将它们分装在若干个雕刻好的小容器内,这样既美观又卫生(可实行分餐制)。容器的形状可以是小筐、小篓、瓜盅、瓜罐、簸箕、木桶、小船、贝壳等,也可以是鲤鱼、龙头龟、鸭、鹅等。为了使菜肴的整体更完美,也可另雕些小作品与之相配合,如凤凰、小鸟、老井、碾子、农舍、鱼虾等(如雀巢海中宝、百鸟归巢、松仁鱼米、水晶虾仁、珍珠鸡米等);也可用冬瓜、南瓜、哈密瓜、西瓜等雕成一个大的容器,如龙舟、凤船、马车、瓜盅等,用于盛装粒、丁、丝、片、条、卷等形状较小的菜肴或汤羹(如龙舟献宝、乌龙竞渡、招财进宝、瓜盅果羹等)。

容器式雕刻品在使用前要注意卫生,需消毒后才能使用,如用开水略烫或稍蒸一会儿,也可在容器内衬上一层锡纸。

任务四 食品雕刻中常用的图案

任务描述

本任务介绍食品雕刻中常用的图案。

任务分析

通过学习,使学生了解食品雕刻中常用的图案构成,在学习专业知识的同时渗透传统文化教育。

相关知识

食品雕刻中的花纹图案来源于中华民族的历史文化,也代表着中国古老的传统文化艺术。其构成有儒家的、佛教的和道教的,以及一些世俗的东西。作为一名厨师如对图案的一些寓意都看不明白,说不清楚,也是一大遗憾。因此对图案作一简释,对厨师来说,亦是有所裨益的。

(1)龙凤呈祥:图案为一龙一凤。

龙的传说很多,记载的文献也很多,但将龙和帝王联系起来的是司马迁的《史记》,《史记·高祖本纪》中载:“是时雷电晦冥,太公往视,则见蛟龙于其上,而已有身,遂产高祖。”凤凰在刘安《淮南子》一书中开始被称为祥瑞之鸟,雄曰凤,雌曰凰。龙凤都是人们心中的祥兽瑞鸟,哪里出现龙,哪里便有凤来仪,象征着天下太平,五谷丰登。

(2)二龙戏珠:图为两条云龙一颗火珠。

《通雅》中有“龙珠在颌”的说法。龙珠被认为是一种宝珠,可避水火。有二龙戏珠,也有群龙戏珠和云龙捧寿,都是表示吉祥安泰和祝颂平安与长寿之意。

(3)鱼龙变化:图案为天上有一云龙,水中有一鲤鱼;或一龙首鲤身,或一鲤鱼翻跃于龙门之上。

古代有鲤鱼跃龙门的传说,凡是鲤鱼能跳过龙门的,就可变化成龙,不能跳过龙门的,点额而归,故黄河之鲤鱼多有红色的额头,都是未跳过龙门之鱼。鱼跃龙门表示青云得路、变化飞腾之意。

(4)鹤寿龟龄、龟鹤同龄:图案皆为一龟一鹤。

《韵会》中载:“龟为甲虫之长。”龟寿万年,是长寿的象征;鹤是仙禽,《崔豹古今注》:“鹤千年则变苍,又二千岁则变黑,所谓玄鹤也。”龟鹤同龄,乃同享高寿之意。

(5)松鹤延年:图案为鹤和松树。

《字说》中载:“松百木之长。”《礼·礼器》载:“松柏之有心也,贯四时而不改柯易叶。”松降象征长寿之外,还作为有志、有节的象征。故松鹤延年既有延年益寿之意,也有志节高尚之意。

(6)鹤鹿同春:图案为鹤鹿与松树。

古人称鹿为“仙兽”。神话故事中有寿星骑梅花鹿。鹿与禄、陆同音,鹤与合谐音,故又有"六合"(指天、地、东、西、南、北)同春之意和富贵长寿之说。

(7)岁寒三友:图案为松竹梅或梅竹石。

松,"贯四时而不改柯易叶";竹,清高而有节;梅,不惧风雪严寒。苏东坡爱竹成癖,他曾说"宁可食无肉,不可居无竹",还题写过"梅寒而秀,竹瘦而寿,石丑而文,是三益之友"。松竹梅被人们称之为"岁寒三友",乃寓意做人要有品德、志节。

(8)喜上眉梢:图案为梅花枝头站立两只喜鹊。

古人认为鹊灵能报喜,故称喜鹊。两只喜鹊即双喜之意。梅与眉同音,借喜鹊登在梅花枝头,寓意"喜上眉梢""双喜临门""喜报春先"。

图案为一喜鹊一豹,称之为"报喜图"。

图案为一蜘蛛网上吊着一个蜘蛛,称之为"喜从天降"。因我国民间习俗称蜘蛛为喜蛛。

图案为一獾一喜鹊,称之为欢天喜地。两獾相嬉,叫"欢喜图";两童子笑颜相对者,称为喜相逢。

四个童子手足相连者,叫"四喜人"。

(9)喜报三元:图案为三喜鹊、三桂元或三元宝。

古代科举制度的乡试、会试、殿试的第一名为解元、会元、状元,合称三元。明代科举以廷试之前三名为"三元",即状元、榜眼、探花。"三元"是中国古代文人梦寐以求的,是升腾取仕之阶梯。喜鹊是报喜之吉鸟,以三桂元或三元宝寓以三元,是表示一种希望和向往的图案,此外还有三元及第、状元及第、连中三元、五子登科等图案。

(10)相禄寿喜:图案为蝙蝠、鹿、桃和喜字。

以前人们常以蝙蝠之蝠寓以幸福之福,借鹿禄同音,寿桃寓寿意,加之以喜字,用此表示对幸福、富有、长寿和喜庆的向往。

(11)五福捧寿:图案为五只蝙蝠一寿字。

《书经·洪范》中载:"五福:一曰寿,二曰富,三曰康宁,四曰攸好德,五曰考终命。"攸好德,谓所好者德;考终命,谓善终不横夭。还有"五福临门"的图案。

(12)多福多寿:图案为一枝寿桃数只蝙蝠。

(13)福寿无边:图案为蝙蝠、寿桃和盘长。

(14)神速齐眉:图案为蝙蝠、寿桃、荸荠和梅花。

(15)福寿双全:图案为一蝙蝠、一寿桃、二古钱。

这些图案都表示古代人心底希望幸福、富有和长寿。

(16)福寿三多:图案为一蝙蝠、一寿桃、一石榴或莲子。

《庄子·天地》载:"尧观乎华,华封人曰:'嘻,圣人,请祝圣人,使圣人寿。'尧曰:'辞'。'使圣人富'。尧曰:'辞'。'使圣人多男子。'尧曰:'辞。'"古人因以

"三多"(多福多寿多子)为祝颂之辞。石榴取其子多之意,莲子乃"连子"之意。

(17)三多九如:图案为蝙蝠、寿桃、石榴、如意。

《诗经·小雅》中《天保》曰:"如山如阜,如冈如陵,如川之方至,以莫不增……如月之恒,如日之升,如南山之寿,不骞不崩,如松柏之茂,无不尔或承。"《天保》篇中连用九个如字,寓为祝贺福寿延绵不绝之意。图案中以如意表示九如。

(18)福在眼前:图案为蝙蝠与一枚古钱。

古钱是孔方外圆,借孔为眼,钱与前同音,亦称"眼前是福"。

(19)福至心灵:图案为蝙蝠、寿桃、灵芝。

桃为寿而其形似心,借灵芝之灵字,表示幸福到来会使人变得更加聪明。

(20)寿比南山:图案为山水、松树或海水、青山。

"福如东海长流水,寿比南山不老松"乃常见的对联。这一图案亦称"寿山福海"。

(21)三星高照:图案为三位老神仙。

古称福禄寿三神为三星,传说福星司祸福,禄星司富贵贫贱,寿星司生死。"三星高照"象征着幸福、富有和长寿。

图案为一老寿星、一只鹿、一只飞蝙蝠,亦称之为"福禄寿"。

(22)流云百福:图案为云纹蝙蝠。

云纹形似如意,表示绵延不断。流云百蝠,即百福不断之意。

(23)平安如意:图案为一瓶、一鹌鹑、一如意。

以瓶寓平,以鹌鹑寓安,加一如意,而称"平安如意"。

(24)一路平安:图案为鹭鸶、瓶、鹌鹑,另有图案为鹭鸶、太平钱的称"一路太平"。

以鹭鸶而寓路,瓶寓平,鹌鹑寓安,祝愿旅途安顺之意。

(25)事事如意:图案为柿子、如意。

《尔雅·翼》曰:"柿有七绝,一寿,二多阴,三无鸟巢,四无虫蠹,五霜叶可玩,六佳实可啖,七落叶肥大可以临书。"事与柿同音,加之如意,寓意事事如意或百事如意、万事如意。

(26)诸事遂心:图案为几个柿子和桃。

几个柿子寓为诸事,桃其形似心,表示诸多事情都称心如意。

(27)必定如意:图案为毛笔、银锭、如意。

笔必谐音,锭定同音,再加如意,音借意为必定如意。

(28)岁岁平安:图案为穗、瓶、鹌鹑。

以岁(穗)岁、平(瓶)、安(鹌)之谐音,表示人们祝愿平安的良好愿望。

(29)年年有余:图案为两条鲇鱼。

鲇与年,鱼与余同音,表示年年有节余,生活富裕。

图案为两条鲇鱼首尾相连,童子持莲抱鲇鱼,均称"年年有余"。图案为一磬一鱼,或一磬双鱼、一童子击磬一童子持鱼,皆称"吉庆有余"。一妇人手提鱼,称之为"富贵有余"。

(30)太狮少狮:图为一大狮子一小狮子。

太师官名,周代设三公即太师、太傅、太保,太师为三公之最尊者;少师官名,周礼春官之属,即乐师也。狮与师同音,而寓以太师少师之意,表示辈辈高官的愿望。

图案为一大龙一小龙,称之为教子成龙、望子成龙。

(31)八宝联春:图案为八件宝器相连。

八宝分为两类:佛家八宝为法轮、法螺、宝伞、白盖、莲花、宝罐、金鱼、盘长(吉祥结)俗称"轮螺伞盖,花罐鱼长"。仙家八宝即八仙护身法宝,为渔鼓、宝剑、花篮、笊篱、葫芦、扇子、阴阳板、横笛。八件宝器相连接的图案称之为"八宝联春"或"八宝吉祥"。

(32)八仙过海:图案为八个仙人皆持宝器,下有大海波涛。

古代神话传说中的八仙,有铁拐李、汉钟离、张果老、何仙姑、吕洞宾、蓝采和、韩湘子、曹国舅。八仙故事多见于唐、宋、元、明文人的记载。"八仙庆寿""八仙过海"的故事流传最广。传说八仙在庆贺王母娘娘寿辰归途中路过东洋大海,各用自己的法宝护身为舟,竞相过海,以显神通。

(33)麻姑献寿:图案为麻姑仙女手捧寿桃。

麻姑,古代神话故事中的仙女。葛洪的《神仙传》说她为建昌人,修道牟州东南姑余山。东汉桓帝时,麻姑应王方平之召,降于蔡经家,年十八九,能掷米成珠;自言已见东海三次变为桑田,蓬莱之水也浅于时,或许又将变为平地。后世遂以"沧海桑田"比喻世事变化之急剧。麻姑的手指像鸟爪,蔡经见后想:"背大痒时,以爬背,当佳。"又相传三月三日西王母寿辰,麻姑在绛珠河畔以灵芝酿酒,为王母祝寿,故旧时祝女寿者多以绘有麻姑献寿图案之器物为礼品。

(34)群星祝寿:图案为众多仙人各持礼物。

传说三月三日王母娘娘寿诞之日,各路神仙来祝贺,故以此取其吉祥喜庆之意。

(35)万象升平:图案为一象身上有"卐"字花纹,腰背上负一瓶。"卐"字在梵文中作"室利靺蹉",意为吉祥之所集。佛教认为释迦牟尼胸部所见的"瑞相",用作万德吉祥的标志。武则天长寿二年(693年)定此字读万。万寿升平,表示人民祝愿国泰民安,百业兴旺,国富民强的升平景象。还有"太平景象""景象升平"等图案。

(36)天女散花:图案为一仙女提花篮作散花状。

佛经故事《维摩经·观众生品》记载,维摩室中有一天女以天花散诸菩萨身,即皆坠落,至大弟子,便著不坠。天女说:"结习未尽,花著身耳。"谓以天女散花试菩萨和声闻弟子的道行。宋之问《设斋叹佛文》载:"天女散花,缀山林之草树。"故取其"春满人间"之意。

(37)嫦娥奔月:图案为一仙女奔入月宫状。

嫦娥乃神话中后羿之妻。后羿从西王母处得到不死之药,嫦娥偷吃后,遂奔月宫。

(38)四海升平:图案为四个娃娃抬起一瓶。

四个小孩(海)抬起(升)一瓶(平),表示"四海升平",以此表达人民厌恶战乱,热爱和平之善良愿望。

(39)福从天降:图案为一娃娃伸手状,上有一蝙蝠。

以天空中飞舞的蝙蝠即将落到手中,而寓其意为"福从天降""福自天来""天赐鸿福"等。此外还有"五福临门""引福入堂""天官赐福"等图案。

(40)长命富贵:图案为雄鸡引颈长鸣,牡丹花一枝。

雄鸡引颈长鸣(命),牡丹乃富贵之花,喻富贵。还有长命百岁的图案,雄鸡引颈长鸣旁有禾穗若干。

(41)教子成名:图案为一雄鸡引颈长鸣旁有五只小鸡。

以雄鸡教小鸡(子)鸣(名)叫,寓以"教子成名"。还有"五子登科""一品当朝"等图案,表示殷切期望子孙取得成功的业绩。

(42)渔翁得利:图案为鹬蚌相争状,旁立渔翁。

《战国策·燕策二》载:"赵且伐燕,苏代为燕谓惠王曰:'今者臣来过易水,蚌方出曝,而鹬啄其肉,蚌合而拑其喙。'鹬曰:'今日不雨,明日不雨,即有死蚌。'蚌亦谓鹬曰:'今日不出,明日不出,即有死鹬'。两者不肯相舍,渔者得而并禽之。"比喻双方相持不下,第三者因而得利。

(43)英雄斗智:图案为一鹰一熊作争斗状。

《本草》载:"虎鹰翼广丈余,能搏虎。"《诗经·小雅》中《斯干》篇曰:"维熊维罴,男子之样。"鹰与英、熊与雄同音。猛禽凶兽相斗,二勇相争,智者胜。还有一松树上落一鹰,地上有一熊,作相互怒视欲斗之状的图案,以此比喻英雄大智大勇。

(44)珠联璧合:图案为珠点连续有白头花蓝点。

《汉书·律历志》上载:"日月如合璧,五星如联珠。"后借以比喻人才或美好的事物会集在一起。

(45)八骏图:图案为八匹马姿态各异。

传说周穆王有八匹骏马,名称说法不一。《穆天子传》卷一载:"天子之骏,赤骥、盗骊、白义、逾轮、山子、渠黄、华骝、绿耳。"《史记·赵世家》载:"造反取骥之乘匹,与桃林盗骊、骅骝、绿耳,献之缪王。穆王使造父御,西巡狩,见西王母,乐之忘归。而徐偃王反,缪王驰千里马,攻徐偃王,大破之。"其他传说均由此而派生。

(46)博古图:图案为鼎彝钟磬、瓷瓶玉件、书画盆景等各种器物造型,种类繁多。有各式各样的博古图,给人以古色古香之感。

(47)天马图:图案为一飞马,马生两翼。

天马一词,最初见于《楚辞·离骚》《史记·大宛列传》和《淮南子》等书中。张骞使西域得乌孙好马,名曰天马。后得大宛汗血马,比乌孙马强壮,改乌孙马名为西极,大宛马叫天马。史书记载,汉武帝"获汗血马来,作西极天马歌"。元狩三年(公元前119年)后,天马发展成"龙之友""龙之媒"的地位。神话故事中的"天马行空""独来独往",使人想象出"马生两翼",慢慢被称为龙马。《西游记》中有白龙马,便是一例。天马似马又生翼,空中行走又似龙,这种动物图案在古时瓷器、地毯上常见。

(48)麒麟图:图案为一兽,头长一角,狮面,牛身,尾带鳞片,脚下生火,其状如鹿。

麒麟,古代传说中的动物,古称之为"仁兽",多作吉祥的象征。"麟凤龟龙,谓之四灵"。《礼记·礼运》中载:"山出器车,河出马图,凤凰麒麟,皆在效薮。""薮"同"薮"即沼泽。汉代砖上的麒麟图案与马和鹿的样子相似,汉以后,逐渐完善了麒麟的形象。由于麒麟是瑞兽,常借喻为杰出之人,麒麟送子、麟吐玉书等图案皆有杰出人士之降生的寓意。

(49)四艺图:图案为琴、棋、书、画。

琴棋书画是我国古代文人雅士的日常生活中必不可少的文玩,用以增进学识,提高雅兴。图案中的四艺,其造型设计,古朴、优雅,富有韵律感。

(50)踏雪寻梅:图案为风雪中一老人头戴浩然巾,手持梅花,骑驴过桥。

踏雪寻梅是根据唐代诗人孟浩然的故事设计而成的图案。孟浩然(689~约740年),襄州襄阳(今属湖北)人,少年好学,酷爱梅花,早年隐居鹿门山。年四十,游长安,应进士不第,还襄阳。临行前留给王维一首诗。有人传出,孟浩然游长安,王维私邀入内署,适唐玄宗李隆基至,浩然匿床下,维以实告,玄宗大喜,诏浩然出,诵所为诗,玄宗发现无求仕之心,即入还。孟浩然的《留别王维》:"寂寂竟何待?朝朝空自归。欲寻芳草去,惜与故人违。当路谁相假,知音世所稀。只应守寂寞,还掩故园扉。"诗中只见"当路谁相假"之句,那有皇帝发现他不愿为官,放他归去之事。孟浩然头戴浩然巾,在风雪中骑驴过灞桥,踏雪寻梅,已成为我国古代诗人的佳话。这一图案在古时瓷器、地毯上常有出现。

(51)伯牙摔琴:图案为一人举琴面对一墓,旁立一老人。

出自俞伯牙与钟子期相交的故事。春秋战国时,俞伯牙善弹琴,一日乘舟游至汉阳江口,命童仆取琴焚香,调弦转轸,一曲未终弦断之。疑有人听琴,命左右搜之,遇一樵夫钟子期,二人登舟促膝相谈,意合知音,结为兄弟,约定来年江边相见。当俞伯牙按期来到江边时,钟子期已病故。伯牙闻知,泪如涌泉,去子期坟前祭拜,并割断琴弦,双手举琴向祭石台上一摔,摔得玉轸摧残,金徽零乱。一老者惊问:"先生为何摔此琴?"伯牙道:"摔破瑶琴凤尾寒,子期不在对谁弹?春风满面皆朋友,欲觅知音难上难。"故有俞伯牙摔琴谢知音之说。古时瓷器、地毯上均有此图案。

能力测评

多项选择题

1. 下列不属于食品雕刻范畴的有(   )。

A. 果蔬雕刻　　　　B. 琼脂雕　　　C. 巧克力雕　　　　D. 泡沫雕、冰雕

2. 作品主题"麻姑献寿"所采用的取名方法是(   )。

A. 象征命名法　　　　　　　B. 谐音命名法

C. 比喻 + 谐音命名法　　　　D. 典故与传说命名法

3. 食品雕刻常用的刀法有(   )。

A. 旋、刻、戳、削、切、镂空、铲、砍　　B. 旋、刻、戳、削、切、镂空、铲

C. 旋、刻、戳、镂空、铲、砍　　　　　　D. 旋、削、切、镂空、铲、砍

4. 下列属于立体雕刻的是(   )。

①整雕 ②零雕整装 ③组合雕 ④凸环雕 ⑤浮雕 ⑥镂空雕

A. ①②③④　　　　　　　　　B. ③④⑤⑥

C. ①②③⑥　　　　　　　　　D. ①②④⑤

5. 单独可以直接用来雕刻花卉的原料有(   )。

①心里美萝卜、圆萝卜、长萝卜 ②青萝卜、胡萝卜、苤蓝、土豆 ③紫菜头、红薯、元葱、黄瓜、南瓜 ④白菜、蛋品、肉品、糕点、面粉

A. ①②③④　　　　　　　　　B. ①②③

C. ①③④　　　　　　　　　　D. ①②④

6. 水果拼盘,较之原来水果单一品种上席的传统吃法,其主要特点有(   )。

①风味多样 ②食用方便 ③形态美观 ④工艺简单 ⑤用途广泛 ⑥欣赏性强,食用性差

A. ③④⑤⑥　　　　　　　　　B. ①②③⑥

C. ②④⑤⑥　　　　　　　　　D. ①②③④⑤

7.下面关于作品的题材与造型说法中,不正确的是(　　)。

A.鹰的气势磅礴,安然翱翔,勇猛傲视,在造型中多表达刚毅、雄健和鹏程万里的祝福

B.船的造型一般以帆船为代表,寓一帆风顺、吉祥之意。其造型多古朴、典雅、美观、别致,还可作为菜的盛器

C.鸳鸯:爱情的象征,表达情侣相伴,常和喜鹊一样多用于婚宴

D.表达长寿主题的整雕有"寿山福海""篮中仙桃""八仙祝寿""老马识途"等作品

8.下列不属于果蔬拼盘操作基本要求的是(　　)。

A.应在食品专间,或在环境清洁的场地操作

B.操作人员应配有手机,或其他的移动电话,以方便联系工作

C.工具、盆具使用前要清洗消毒,抹布专用,不可一布多用

D.应将整只鲜果表皮清洗干净,或浸泡消毒,并沥干水分,以保证食用安全

9.制作宴席展台之前主要注意(　　)等问题。

①了解宴会形式 ②了解客人的风俗习惯 ③突出主题 ④精选原料与因材施艺 ⑤使用的刀具及刀法

A.②③④⑤　　　　　　　　　　　B.①③④⑤

C.①②③⑤　　　　　　　　　　　D.①②③④

10.下面说法中错误的是(　　)。

A.组合雕要求作者有整体观念,有计划地分体雕刻,要注意局部结构要符合整体关系

B.镂空雕与凹雕的操作相似,要求下刀要准,行刀要稳,不能损伤其他部位,以保持图案完整美观

C.每个国家、每个民族的风俗习惯都各不相同。我们要有选择地雕刻适合宾客们所喜爱的花卉。如中国人喜欢牡丹,表示富贵,荷花表示高洁,玫瑰表示爱情;而日本人喜欢马兰花,法国人喜欢樱花、百合花等

D.花台是花篮、雕刻、盆景的总称,多用于中高档的宴会,尤其是大型宴会、冷餐会和西餐酒会

11.果蔬雕刻的主要特点是(　　)。

①所用的原料都是食品原料,成本低,色彩自然,但容易干瘪和腐烂,只能作为一时观赏之用。②所用的刀具和操作方法特殊。刀的种类很多,没有具体规格,一般根据不同需要而定制。③造型简单,立体感强,形象优美,操作迅速。④季节性强。⑤食用性强,有保健功能

A.③④⑤　　　B.①③④⑤　　　C.①④⑤　　　D.①②③④

12. 下列不属于整雕的评估标准是(　　)。

　　A. 总体设计主题鲜明,有新意　　　B. 总体造型逼真、各部分比例协调

　　C. 装盘要保满,可食性强　　　　　D. 刀工精细,刀法、手法熟练

13. 菜肴的装饰美化就是利用食雕作品对菜肴进行艺术装点,使菜肴在色彩、形态、寓意等方面都具有一定的艺术效果,使宴会具有高雅、协调的整体美。一般有(　　)几种手法。

　　①点缀 ②补充 ③盛装 ④配菜

　　A. ①②③　　　　　B. ②③④　　　　　C. ①③④　　　　　D. ①②④

14. 喜宴一般不选用的雕刻作品的主题是(　　)。

　　A. 龙凤呈祥　　　B. 鸳鸯戏水　　　C. 东方朔偷桃　　　D. 花好月圆

15. 下面关于凤凰的说法中,错误的是(　　)。

　　A. 凤凰是生活在我国云南的一种神奇的禽科动物

　　B. 凤凰和龙一样是中华民族特有传统标志

　　C. 凤凰象征着吉庆、安宁、瑞祥和高贵

　　D. 比喻美满的爱情

16. 为了使宴会的气氛更加热烈,充分表达主人的友谊和热情,在一些中高档宴会中,就餐前都要进行美化设计。比如"祝寿",就选用(　　)等主题的雕刻作品来做看盘或看台。

　　①福如东海、寿比南山、松鹤延年、双鹤祝寿

　　②南极仙翁、鹤鹿同寿、麻姑献寿、麻姑晋酿

　　③仙鹿贺寿、寿鸟双飞、童子献寿、福寿双全

　　④东方朔偷桃、瑶池祝寿、八仙过海、瑶池归来醉未醒

　　⑤代代长寿、早得贵子、秦晋之好、嫦娥奔月、鸳鸯戏水

　　A. ①②③⑤　　　　　　　　　　　B. ①③④⑤

　　C. ②③④⑤　　　　　　　　　　　D. ①②③④

17. 庆功宴一般选用的雕刻作品的主题有(　　)。

　　①鲲鹏展翅、大展宏图、锦上添花、骏马奔腾 ②锦绣前程、壮志凌云、志在千里、鲤鱼跳龙门 ③一飞冲天、一鸣惊人、步踏青云、独占鳌头 ④月下情侣、雄鹰展翅、倾诉衷肠、孔雀开屏 ⑤飞黄腾达、步步高升、天马行空、龙马精神

　　A. ①②③④　　　　　　　　　　　B. ②③④⑤

　　C. ①③④⑤　　　　　　　　　　　D. ①②③⑤

18. 雕刻月季花所用的主要手法有(　　)。

　　①横刀手法 ②刻刀手法 ③插刀手法 ④纵刀手法

　　A. ①②　　　　　B. ①②③④　　　　　C. ②③④　　　　　D. ③④

19.食品雕刻作品用来点缀菜肴主要有(　　)几种形式。

①盘边装饰 ②周围装饰 ③盘心点缀 ④菜肴表面的装饰 ⑤盛装

A.②③④⑤　　　　　　　　　　　B.①②③④

C.②③④⑤　　　　　　　　　　　D.①②③⑤

模块二　常见果蔬雕刻品种的制作

本模块主要学习常见果蔬雕刻品种的制作方法,使学生能够独立完成冷菜雕刻制作。

任务一　景　物

任务描述

通过学习了解建筑及器物类的形态及结构,掌握常见器物形态的雕法,明确制作的关键和质量要求。

任务分析

通过学习,学生能够掌握器物的特点,能够独立完成创作。

实训一　玲珑球

透雕象牙套球(又称同心球),是中国象牙雕刻中的一种特殊技艺。球体表面镂刻各色浮雕花纹,球内由大小数层空心球连续套成,交错重叠,玲珑剔透。外表看来是一个球体,但层内有层,套中有套,各球均能自由转动,且具同一圆心。每一个象牙套球都雕刻精美繁复的纹饰。

据说宋代就曾雕出过三重象牙套球。明代曹昭的《格古要论》中写道:"……曾有象牙圆球儿一个,中直通一窍,内车二重,皆可转动,谓之'鬼工球'。"到了清代,因清初的几位皇帝皆好工艺,故在宫中造办处设置了许多作坊,挑选能工巧匠研制各种艺术品。从事象牙雕刻的著名工匠,如广东的陈祖章、顾彭年,苏州的杜士元等,先后被召入宫廷,在造办处听差任职,专事象牙雕刻。这些艺人的作品,题材丰富,技巧复杂,有极高的水平。

透雕象牙套球,最初不过二三层,到清乾隆时发展到 14 层,清末已达到 28 层,现在最多的竟能雕刻至 60 层,不禁会人瞠目结舌,叹为观止:"重叠剔透比雕镂,一层一层不知数。谁晓世上有此物,鬼斧神工玲珑球。"

在这里,我们使用萝卜来模仿这一传统工艺,体现厨师精湛的刀工。

【操作工具】

主刻刀。

【原料】

南瓜或心里美萝卜、白萝卜、青萝卜、胡萝卜。

【操作流程】

1. 制坯

取一块料,先将其切成正方体(边长以 4~5 厘米为宜),然后横握法拿刀,沿各边中点削去正方体的八个角。每削去一个角就会形成一个等边三角形,最后形成一个由八个等边三角形和六个正方形组成的多面体。

2. 刻边线

握笔法拿刀,在每个面内垂直进刀,各刻出略小一点的正方形和三角形,使得框体结构初步形成。注意边框的宽度要恰当(按坯体大小,边框宽度为 3~4 毫米),太细不挺,太粗则笨拙。

3. 去正方形面废料

将刀尖从正方形面中心点斜插到顶角的正下方(刀身与所在面的夹角呈30°~45°),沿逆时针方向旋刻一圈然后将废料去除。六个正方形面都同样处理。

4. 去三角形面废料

将刀贴紧三角形面下部隔断内部球坯同三角形面的连接处,从上面剔除废料。

5. 修正成形

将球内部继续修整圆滑,再放入清水中略冲洗即可(见图 2-10)。

图 2-10　玲珑球

【操作注意事项】

（1）刀身与所在面的夹角一定要控制为 30°~45°。角度越小，最后球体内部就越大；反之，角度越大，最后内部形成的球体就越小。若角度小于 30°则内部球体容易出现太大而不能转动现象。

（2）制坯时，一定要先将原料切成正方体，否则最后的作品容易出现边框长短不一的现象。去正方体顶角时，一定要注意进刀和出刀处都是各边的中点，否则需要修整。

实训二　凉　亭

凉亭，木结构单体建筑，建筑在路旁或公园内供行人休息。因其造型轻巧、选材不拘、布设灵活而被广泛应用在园林建筑之中，常由柱子支承屋顶建造。

凉亭是人们凭借一定材料建造出来的，而材料的特性，也必然会对建筑的造型风格产生影响。所以，凉亭的造型艺术，也在一定程度上取决于所选用的材料。由于各种材料性能的差异，因此，不同材料建造的凉亭，就带有非常显著的不同特色。

凉亭的分类：

从形状分，有四角凉亭、六角凉亭、八角凉亭、扇形凉亭。

从垂直方向分，有单檐亭、重檐亭；从凉亭的使用场合来分，可以分为公园花园凉亭、广场凉亭、造型亭、休闲凉亭、防雨亭。

按功能分，可分为：休憩遮阳遮雨——传统亭、现代亭；观赏游览——传统亭、现代亭；纪念地和文物古迹——纪念亭、碑亭；交通及集散组织人流——站亭、路亭；骑水——廊亭、桥亭；倚水——楼台水亭；综合——多功能组合亭。

【操作工具】

切刀，戳线刀，主刻刀。

【原料】

长柄老南瓜或心里美萝卜、白萝卜、青萝卜、胡萝卜等。

【操作流程】

1. 制坯

取一块原料，将其切成正四棱柱，高是底边长的 1.5~2 倍。

2. 刻屋面

先将制坯体的四个顶角各削去一块，落刀点及出刀点均在正方形边长的 1/3 处；然后刻出宽度为 2~3 毫米的顶角平分线，进刀深 3~4 毫米，即屋脊。最后，控制刀尖始终指向坯体中心最高处，刀身弧形运动，在每两个屋脊之间旋刻去一块废料，形成倾斜的弧形屋面。注意四个屋脊的高度相同。

3.刻屋檐

先在每个侧面横切一刀,深度约为底边长的1/5,定出基座的位置,使屋檐距离基座和屋顶的距离相仿。然后从各个顶角处45°倾斜进刀,至深度约为底边长的1/5时改为垂直进刀,去掉废料。最后按照屋脊的宽度刻出屋脊,并将屋檐下废料去除,使墙体平整。

4.刻柱子

在每个侧面的屋檐下方2毫米处浅刻一刀,然后往下去掉一片废料,刻出瓦楞。在每个侧面的左右上下各刻一刀,划出柱子。最后去除各个面的废料及内部废料。注意各面进刀的深度至少为中间坯体厚度的一半。

5.刻基座及屋顶

在基座上刻出台阶;然后刻一个小葫芦,用牙签固定在屋面顶部中央。

6.修整成形

将柱子略加修整,检查每个柱子的垂直度。最后将亭子放到清水中洗净即可(见图2－11)。

【操作注意事项】

(1)进刀深度约为底边长的1/5,若太深,容易出现柱子与底座脱落的现象。

(2)刻屋檐时,刀尖略朝上,与底面呈30°~45°夹角。注意刀不能太斜,初学者容易将刀与屋面一样倾斜,这样刻出的屋檐比较毛糙。

(3)刻柱子时,在各面进刀的深度都至少为中间坯体厚度的一半。若太浅,则中间废料难以去掉;也不能太深,否则柱子容易被刻断。

(4)去相邻两屋脊之间的废料时,要控制刀尖始终指向坯体中心最高处,刀尖斜朝上,刻成自然倾斜的屋面。初学者往往刻出的屋面很平,其原因是刀身不够倾斜。

(5)在刻屋檐时一定要在屋脊的顶角处进刀,而且要注意斜刀进(刀面与坯面成45°),只有这样才能形成自然翘起的屋角。初学者往往进刀位置偏下,进刀切口为一条直线而不是弧形,这样就形成不了自然的翘角。

(6)刻瓦楞时,注意瓦楞应该上下宽度相同,楞沟彼此平行。初学者容易将瓦楞会集于屋顶,与建筑实际不符。

图2－11 凉 亭

实训三　宝　塔

　　宝塔并不是中国的"原产",而起源于印度,在汉代时,随着佛教从印度传入中国。"塔"是印度梵语的译音,本义是坟墓,是古代印度高僧圆寂后用来埋放骨灰的地方。因有七宝装饰,故称宝塔。现在的中国宝塔,大多是中印建筑艺术相结合的产物。中国的古塔建筑多种多样,从外形上看,由最早的方形发展成了六角形、八角形、圆形等多种形状。从建塔的材料分,有木塔、砖塔、石塔、铁塔、铜塔、琉璃塔,甚至还有金塔、银塔、珍珠塔。中国宝塔的层数一般是单数,通常有五层到13层。

　　中国的古塔从外表造型和结构形式大体可以分为以下七种类型。

一、楼阁式塔

　　楼阁式塔在中国古塔中的历史最悠久、体形最高大、保存数量最多,是汉民族所特有的佛塔建筑样式。这种塔的每层间距比较大,一眼望去就像一座高层的楼阁。形体比较高大的,在塔内一般都设有砖石或木制的楼梯,可以供人们拾级攀登、眺望远方,塔身的层数与塔内的楼层往往是一致的。有的塔外还有意制作出仿木结构的门窗与柱子等。

二、密檐式塔

　　密檐式塔数量和地位仅次于楼阁式塔,形体一般也比较高大,它是由楼阁式的木塔向砖石结构发展时演变而来的。这种塔的第一层很高大,而第一层以上每层的层高却特别小,各层的塔檐紧密重叠着。塔身的内部一般是空筒式的,不能登临眺望。有的密檐式塔在制作时就是实心的。有的塔内设有楼梯可以攀登,而内部实际的楼层数也要远远少于外表所表现出的塔檐层数。富丽的仿木构建筑装饰大部分集中在塔身的第一层。

三、亭阁式塔

　　亭阁式塔是印度的覆钵式塔与中国古代传统的亭阁建筑相结合的一种古塔形式,具有悠久的历史。塔身的外表就像一座亭子,都是单层的,有的在顶上还加建一个小阁。塔身的内部一般设立佛龛,安置佛像。由于这种塔结构简单、费用不大、易于修造,曾经被许多高僧们采用作为墓塔。

四、花塔

　　花塔有单层的,也有多层的。它的主要特征是:在塔身的上半部装饰繁复的花饰,看上去就好像一个巨大的花束,它可能是从装饰亭阁式塔的顶部和楼阁式、密檐式塔的塔身发展而来的。花塔用来表现佛教中的莲花藏世界。花塔数量虽然不多,但造型却独具一格。

五、覆钵式塔

覆钵式塔是印度古老的传统佛塔形制,在中国很早就开始建造了,主要流行于元代以后。其塔身部分是一个平面呈圆形的覆钵体,上面安置着高大的塔刹,下面有须弥座承托着。这种塔由于被西藏的藏传佛教使用较多,所以又被人们称作"喇嘛塔"。因为它的形状很像一个瓶子,又被人们称为"宝瓶式塔"。

六、金刚宝座式塔

这种塔的基本特征是下面有一个高大的基座,座上建有五塔,位于中间的一塔比较高大,而位于四角的四塔相对比较矮小。基座上五塔的形制并没有一定的规定,有的是密檐式的,有的则是覆钵式的。这种塔是供奉佛教中密教金刚界五部主佛舍利的宝塔,在中国流行于明朝以后。

七、过街塔和塔门

过街塔是修建在街道中或大路上的塔,下有门洞可以使车马行人通过;塔门就是把塔的下部修成门洞的形式,一般只容行人经过,不行车马。这两种塔都是在元朝开始出现的,所以门洞上所建的塔一般都是覆钵式的,有的是一塔,有的则是三塔并列或五塔并列式。门洞上的塔就是佛祖的象征,凡是从塔下门洞经过的人,就算是向佛进行了一次顶礼膜拜,这就是建造过街塔和塔门的意义所在。

除了以上七类古塔之外,在中国古代还有不少并不常见的古塔形制,如在亭阁式塔顶上分建九座小塔的九顶塔;类似于汉民族传统门阙建筑形式的阙式塔;形似圆筒状的圆筒塔以及钟形塔、球形塔、经幢式塔等,一般多见于埋葬高僧遗骨的墓塔。还有一种藏传佛教寺院中流行的高台式列塔,即在一座长方形的高台之上建有五座或八座大小相等的覆钵式塔。另外,还有一些将两种或三种塔形组合在一起的形制,如把楼阁式塔安置在覆钵塔的上面,或者把覆钵式塔与密檐式、楼阁式组合为一体,或者在方形、多边形的亭阁上面加覆钵体与多重相轮等(即亭阁式覆钵塔,俗称阿育王塔)。

【操作工具】
U 形刀,直刀,V 形刀,圆口刀。

【原料】
胡萝卜或芋头、白萝卜。

选料注意:
白萝卜:色白质脆,成品浸泡时间长后玲珑剔透,似玉雕,但缺乏质感,层次不佳。

胡萝卜:应选用芯与皮肉的颜色都是深橙黄色的品种,否则成品浸水后,易发生扭曲变形现象,影响成品质量。

芋头:成品具有大理石一般的质感,但由于含有较多的淀粉,在操作过程中易发生褐变现象,浸泡后由于淀粉析出纤维组织,原料质地极脆。

【操作流程】

(1)将原料用分刀切成四棱柱。

(2)用 U 形刀刻出塔层。

(3)用直刀刻出宝顶和飞檐,并用 V 形刀刻出瓦楞。

(4)用圆口刀刻出窗口和塔座即可(见图 2 – 12)。

【操作注意事项】

(1)两层间的距离不应超过 U 形刀的直径,切棱柱要切均匀。刻柱子时,各面进刀的深度至少为中间坯体厚度的一半;若太浅,则中间废料难以去掉,也不能太深,否者柱子容易被刻断。

(2)在刻屋檐时一定要在屋脊的顶角处进刀,而且要注意斜刀进(刀面与坯面成45°角),只有这样才能形成自然翘起的屋角。

图 2 – 12　三宝塔

任务二　花　卉

任务描述

本任务介绍花卉的雕刻手法。

通过学习,使学生了解花卉的形态及结构,掌握各种花卉的雕刻手法,熟悉花卉的雕刻过程,并能快速雕刻各种花卉。

食品雕刻中的花卉雕刻作品,应用最为广泛,是学习食品雕刻的基础,对于初学者来说比较容易入手。通过花卉的雕刻,可以掌握食品雕刻的基本手法,熟悉食品雕刻的各种技巧。

雕刻花卉的原料宜选用质地细密、色彩鲜艳、新鲜脆嫩的瓜果和蔬菜,如南瓜、白萝卜、胡萝卜、心里美萝卜、紫菜头等。雕刻花卉的刀具、刀工技法也较为简单。

实训一 蔷薇花

【操作工具】

直刀,U 形刀,V 形刀。

【原料】

胡萝卜。

【操作流程】

(1)选 5 厘米高的一段原料,用直刻法分成六瓣,呈六边形,底要小,直径不超过 1.5 厘米,上底应是下底的 2 倍左右。

(2)用直刀将每一个花瓣形修出。

(3)由上至下,雕刻花瓣。雕刻时,花瓣应逐渐增厚,最后收刀时刀尖应向内探 0.5 毫米。

(4)第二层花瓣在第一层花瓣两瓣间去料,去料应呈三角形,去完料后中间仍呈六棱形。

(5)第二层花瓣制法同第一层。

(6)按以上制法刻出第三层花瓣。

(7)将中间余料去除后改为三棱柱。

(8)在三棱柱的棱上用直刀刻出花芯,最后三刀汇于一点,将余料取出,即成(见图 2 - 13)。

【操作注意事项】

(1)第一层花瓣自然下垂,角度约 30°。

(2)第二层花瓣比第一层高,角度约 45°。

（3）第三层花瓣角度约60°。

图2-13　花　卉

实训二　瓜叶菊

【操作工具】

直刀,圆口刀,V形刀。

【原料】

胡萝卜。

【操作流程】

（1）取一段长约7厘米、直径约3厘米的胡萝卜,制成料坯。

（2）用圆口刀在料坯上刻出花瓣。

（3）用直刀去料,将余料刻成半圆形,并用V形刀刻出花纹(见图2-14)。

【操作注意事项】

圆口刀不宜太深,否则会掉瓣。

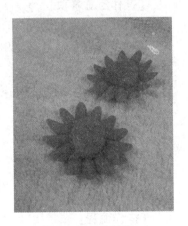

图2-14　瓜叶菊

实训三　松针形菊花

【操作工具】

直刀,大号U形刀,中号U形刀,V形刀。

【原料】

心里美萝卜。

【操作流程】

图2-15　松针形菊花

（1）将原料制成高4.5厘米，上底直径6~7厘米、下底直径2厘米的料坯。

（2）用中号U形刀从上至下雕刻花条，要求花条上尖下粗，收刀时要向下伸0.5厘米，花条之间要紧密相连。

（3）第二层去料，将原料表面修成光滑弧形，雕刻方法同第一层。

（4）第三层、第四层制作方法同第一层、第二层。

（5）第五层由于原料太小，用直刀法去料易伤花条，改用大号U形刀去料，雕刻方法同上几层，第六层去料可改用中号U形刀去料，雕刻方法同上几层。雕刻花条时所有刀汇于一点，最后将原料剔出即可（见图2-15）。

【操作注意事项】

（1）花条笔直，上尖下粗，好似松针，要求成品呈半球形放射状。

（2）圆口刀在收刀时要相连，防止去料不干净。

实训四　管钩形菊花

【操作工具】

直刀，中号U形刀。

【原料】

心里美萝卜。

【操作流程】

（1）将原料制成高5厘米、上底直径6~7厘米、下底直径2厘米的料坯。

（2）用直刀将上底的棱修圆。

（3）用中号U形刀在距圆心2厘米处下刀，按原料弧度由上自下运刀，在弧度转变处，花条最厚，然后逐渐减薄至2毫米左右，最后收刀时又增厚，刀呈45°角伸入料内约0.2毫米，雕刻花条时也要刀刀紧密相连。

（4）刻完第一层后将料修成球形，继续雕刻第二层花条。在制作第二层时花条要稍高一些，否则第一层、第二层区别不明显，层次不清楚。

（5）第三层、第四层、第五层制作方法同第一层、第二层，第六层由于原料小，用直刀法去料易伤花条，可选用U形刀去料，最后雕刻花条时数刀汇于一点，将芯做出,再放入绿叶进行点缀即可(见图2–16)。

【操作注意事项】

花条厚薄变化较大,呈S形,花形呈半球形。

图2–16　管钩形菊花

实训五　环形菊花

【操作工具】

直刀,中号U形刀。

【原料】

心里美萝卜。

【操作流程】

(1)将原料制成高5厘米、上底直径6~7厘米、下底直径2厘米的料坯。

(2)沿45°角,斜方向用中号U形刀戳制花条,花条厚薄变化不明显,但长度要超原料周长的1/2。花条根部要求刀刀相连。

(3)第二层去料时沿花条方向斜向去料,修成弧面,雕刻方法同第一层。

(4)第三层、第四层、第五层去料方法同第一层、第二层,第六层制作方法同管钩形菊花(见图2–17)。

【操作注意事项】

花条厚薄变化不大,花条长度一定要超过原料周长的1/2。

图2–17　环形菊花

实训六　马蹄莲

【操作工具】

直刀,大号U形刀。

【原料】

白萝卜、胡萝卜。

【操作流程】

(1)将原料制成马蹄状料坯。

(2)用直刀沿料坯边缘进行旋刻(刀不能断,否则内面不光滑),在旋刻过程中不能行刀过快,否则易将花瓣挤裂。

(3)将用胡萝卜制出的花芯,用"三秒胶"粘入旋刻出的花瓣即可(见图2-18)。

马蹄莲还有另一种雕刻方法:将原料制成马蹄形料坯后,用大号U形刀挖制而成。与前一种手法相比,这种雕刻方法具有立体感,可产生一定的质感,但在挖制过程中易将花瓣挖破。

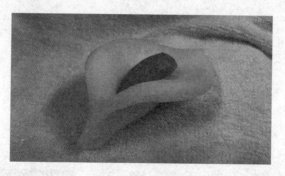

图2-18　马蹄莲

实训七　山茶花

【操作工具】

直刀,中号U形刀,圆刀。

【原料】

心里美萝卜。

【操作流程】

(1)将心里美萝卜制成高4.5厘米、上底直径6厘米、下底直径2厘米的料坯。

（2）将料坯分成正五边形，并修成双圆形花瓣，并用直刻法进行雕刻。

（3）参考月季花雕刻手法，将山茶花完成（见图 2 - 19）。

图 2 - 19　山茶花

【操作注意事项】

山茶花雕刻方法与月季花相似，但花瓣形状不同，似桃芯，双圆形。

实训八　月季花

月季花是世界著名观赏花卉，也是深受我国人民喜爱的花卉之一。

【操作工具】

直刀，中号 U 形刀，圆形刀。

【原料】

心里美萝卜。

【操作流程】

（1）将原料制成高 4.5 厘米、上底直径 6 ~ 7 厘米、下底直径 2 厘米的料坯。

（2）在料坯的 1/2 线以下呈 15°角分瓣，底面呈正五边形，每边边长不超过 1.5 厘米，面积大小不超过 5 分硬币。

（3）将花瓣修圆，用直刀刻法做出第一层花瓣，要求花瓣自然反卷下垂，平放在桌上不见底。

（4）在第一层两瓣之间去料，去料应是三角料，角度在 30°左右。

（5）将花瓣修圆，第二层同第一层雕刻的

图 2 - 20　月季花

方法。

(6)从第三层开始旋刻,旋刻第一片。旋刻花瓣长度等于两片直刻长度。第二片旋刻花瓣应在第一瓣花瓣中间起刀,第三层角度应为45°并逐渐增高,至收芯时刀与原料平面基本呈90°。

【操作注意事项】

(1)花形呈半球形,去料要干净。

(2)旋刻刀法要熟练掌握。

实训九　牡丹花

牡丹一向被称为"百花之王",是吉祥富贵的象征。

【操作工具】

直刀,U形刀,圆刀。

【原料】

心里美萝卜。

【操作流程】

(1)将原料制成高4.5厘米、上底直径6厘米、下底直径2厘米的料坯。

(2)花瓣形状为三个半圆形,花瓣顺序应一片压一片。

(3)收芯时应数刀汇于一点,将花芯取出放入绿叶点缀。

【操作注意事项】

去料要干净,花形要完整,收芯时要汇于一点。

图2-21　牡丹花

实训十　荷　花

荷花是我国著名的观赏花卉。

花形特点：该花共三层，每层 5 瓣，花瓣向花芯弯曲呈勺状。

荷花与莲花的区别：荷花开花时花朵离开水面，而莲花漂浮在水面。

【操作工具】

直刀，中号 U 形刀，圆刀。

【原料】

心里美萝卜。

【操作流程】

(1)将原料制成上底直径 7 厘米、下底直径 2 厘米、高 4.5 厘米的半球形料坯。

(2)用直刀在料坯上均匀画出 5 个花瓣，然后用直刀沿花瓣弧度刻出花瓣，雕刻时注意不要划伤花瓣。

(3)将中间原料去掉，仍保持半球状，按第一层方法刻出第二层花瓣。第二层花瓣应在第一层花瓣之间。

(4)第三层花瓣雕刻方法同第一层、第二层。

(5)用直刀法将中间原料刻小呈高约 1.5 厘米的圆柱状。

(6)选一圆形直径约 3 厘米的心里美萝卜，圆形绿皮用中号 U 形刀制成莲蓬状，最后用牙签固定在荷花中间的圆柱上即可。

【操作注意事项】

(1)料要干净，花瓣要大小一致。

(2)刻花瓣时要尽量使用刀尖，防止伤瓣。

图 2 - 22　荷　花

任务三　禽　鸟

任务描述

了解鸟类的形态及结构特征,熟知飞禽类的头、翅膀的雕刻程序,并能熟练掌握飞禽类雕刻方法和飞禽类各部位的比例。

任务分析

熟悉禽鸟雕刻过程,熟练掌握禽鸟的雕刻方法。

实训一　喜　鹊

【操作工具】

切刀,V 形走线刀,U 形戳线刀,主刻刀,U 形槽刀等。

【原料】

老南瓜,白萝卜,胡萝卜,香芋,青萝卜等。

【操作流程】

1. 制坯

取两端粗壮胡萝卜,用胶水粘接在一起。

2. 刻额头、嘴部和眼睛

刀面平贴坯料表面,刀刃朝顶角方向,在距离顶角适当的位置落刀,使刀刃弧形往下运动到刀刃垂直向下(注意要形成略微向上的弧形);从额头后方弧形进刀刻至额头根部,去掉一块废料,同样的方法处理嘴的另一侧;最后再从顶角处进刀刻出上嘴部,使刀刃所形成的切面略成向上弧形,且注意使嘴巴逐渐增厚。用圆口戳刀和尖刀雕出眼睛。

3. 刻躯干

将刀垂直朝下沿着颈部两侧向尾部弧形进刀,刻出喜鹊身子轮廓,外围的余料去除。

4. 刻短尾羽与长尾羽

另取一段长胡萝卜,先用 U 形戳线刀在颈部和躯干结合部位戳出小括弧形翅膀轮廓,然后用 U 形槽刀在翅膀关节内侧刻出两到三层短的肩羽(进刀时,刀身与原料呈 45°角倾斜),并用 U 形戳线刀在羽毛中间刻出骨线,再刻出一到两层比较长的飞羽。刻飞羽时需先用戳线刀戳出骨线,然后用 U 形槽刀沿着骨线刻出羽毛。

注意每刻一层羽毛,需要在其下方削去一层废料,才可继续刻下一层羽毛。同样的方法刻出一层短的尾羽。然后用主刻刀在短尾羽后面削出一个长长的平面,在此平面上刻出两根或者三根长长的尾羽,并用戳线刀戳出骨线。

5.刻脚

取一块长方形的胡萝卜块,长6～8厘米,在此面上用刀尖画出脚的侧轮廓,并在轮廓外侧去掉一层废料,刻出脚的俯视轮廓,最后刻出脚爪。

6.刻翅膀

先用戳线刀在翅膀初坯上戳出小括弧形翅膀轮廓,然后用U形槽刀在翅膀关节内侧刻出两到三层短的肩羽(进刀时,刀身与原料呈45°倾斜),并用戳线刀在羽毛中间刻出骨线,再刻出一到两层比较长的飞羽。刻飞羽时,需先用戳线刀戳出骨线,然后用槽刀沿着骨线刻出羽毛。

7.修整成形

待各部位全部刻毕,组装整只喜鹊,并用白萝卜雕刻的假山作为背景,点缀上花草,即完成整个作品(见图2－23)。

【操作注意事项】

(1)掌握鸟头仰视的角度,控制在45°到60°最为美观。

(2)鸟的下嘴巴要比上嘴巴略微短小,且上下嘴巴开叉处应该在额头正下方,或略偏后方,千万不可在额头前方。

(3)刻冠时进刀距离约为冠尾到额头距离的一半,不能一直到额头顶部。

(4)刻鸟嘴时,每一刀都要略带向上弯曲的弧度,尽量避免出现向下弯曲的弧度。

(5)初学者一定要注意嘴巴要刻得厚实点,防止出现偏嘴。从嘴尖到嘴跟部逐渐增厚。

(6)颈部的任何部位都要比鸟的头部粗,也就是说从鸟头到躯干是逐渐弧形增粗的,不能出现比头部还细的颈部,另外颈部也不能太长。

(7)翅膀应该紧接着颈部,不能脱节,不能太靠后。

(8)翅膀羽毛每一根都应该弧形朝向背脊,防止出现根根平行地朝向尾部的现象。

(9)腿部初刻时要粗直,忌细软;画腿部轮廓时线条要直,关节处要略粗,且画线时刀身略往上倾斜。

图2－23　喜　鹊

实训二 仙 鹤

丹顶鹤全身素装,嘴、腿、颈、细长,黑色长颈曲线优美,头顶露出的一点红色肉疣十分醒目。丹顶鹤体态潇洒,飘飘欲仙,故也称为"仙鹤"。

形态特点:仙鹤属涉禽,生活在沼泽浅水地区,嘴细长尖利,腿颈皆长,尾短。

【操作工具】

直刀,V形刀,U形刀。

【原料】

白萝卜、胡萝卜、香菇。

【操作流程】

(1)选长为15~20厘米的白萝卜,两侧各在2/3左右去料,制成料坯。

(2)刻出鹤颈和身体的轮廓。

图2-24 仙 鹤

(3)用V形刀、U形刀刻出翅膀。

(4)用胡萝卜刻出嘴和冠,黑色香菇刻出尾,扦插完即可(见图2-24)。

【操作注意事项】

(1)仙鹤的背与颈不可呈直角。

(2)雕刻时注意头颈与身体和腿的比例。

实训三 绶带鸟

绶带鸟又叫"长尾翁鸟""白带子",生活在山区、林间,是一种非常美丽的观赏鸟。

【操作工具】

直刀,V 形刀,圆形刀,中号 U 形刀。

【原料】

白萝卜或胡萝卜。

【操作流程】

(1)将原料直立,两侧各平削一刀,确定绶带鸟的身体位置,下料时应深一些,否则成品会因身体过宽而影响观赏效果。

(2)用直刀做出绶带鸟的胸脯和嘴。制作胸脯时注意要和嘴避免在同一垂直线上,嘴应稍突出于胸,这样才会产生展翅欲飞的效果。

(3)在嘴的基础上确定羽冠和头颈部的位置,羽冠应做出轻盈飘逸的立体感,线条流畅自然,与嘴头的衔接过渡不生硬。

(4)用刀将原料削成身体形状,制作时注意鸟的身体呈卵形,并应合理安排原料的位置,忌讳身体上下前后一样粗,下刀零乱无序。

(5)用 V 形刀做出绶带鸟的飘翎,飘翎一般由短至长做 3~4 层,形状呈半圆形,每根飘翎呈 S 形。在制作过程中,应有意识将飘翎和腿的位置连在一起,为下部雕刻做好准备。

(6)用大号 U 形刀由后至前做成一长二短或一长四短的 3~5 根尾羽,并在尾羽上用 V 形刀刻出齿状花纹和尾眼,制作尾羽时线条应稍呈 S 状,无论做三根或五根尾羽在雕刻时应将 U 形刀汇于一点。

(7)在做好的尾羽下平削一刀,去掉多余的料,并雕刻出腿。

(8)另选一块料,用直刀划出翅膀的外缘线(两个翅膀要相对画出)。再用 V 形刀刻出鳞片状翼羽,然后用中号 U 形刀沿翅膀外缘线雕出飞羽,最后用直刀沿原料弧度将翅膀取下,用"三秒胶"将刻好的翅膀粘在鸟背上,并用花椒籽镶嵌在眼睛的位置就完成了(见图 2 - 25)。

图 2 - 25　绶带鸟

【操作注意事项】

比例关系:身体和尾的比例为1:2。

实训四　公　鸡

【操作工具】

切刀、戳线刀、划线刀、槽刀、主刻刀等。

【原料】

老南瓜。

【操作流程】

(1)将原料切成截面夹角为30°的梯形块。

(2)公鸡胸肌的冠很高,因此上颌以上留的坯体高度要足够刻鸡冠和额头,另外在刻下嘴时要注意刻出肉垂坯体。

(3)先从上嘴和额头交界处进刀,由浅到深,在额头上方划出S形鸡冠坯体,然后在头部侧面从前往后,由浅到深划出头部和颈部轮廓,将废料去除,最后将形成的冠坯刻成形态自然的鸡冠。

(4)先修出颈部的曲线,然后修出波浪形肉垂侧表面,再去除肉垂和颈部之间的废料,最后将两片肉垂间废料去除。

(5)耳垂在头部后方。

(6)注意鸡的眼睛大小要适当。

图2-26　公　鸡

(7)在刻好的头部后方接上一块原料,修出雄鸡身体和尾巴的初步形状。

(8)用划线刀或者戳线刀刻出颈部的羽毛。注意颈部羽毛比较细。

(9)用主刀和U形槽刀刻出翅膀羽毛。

(10)先用划线刀或者戳线刀刻出尾部的短羽,然后用主刀刻出尾羽的粗坯,最后在每根长尾羽上用戳线刀刻出羽毛的骨线。

(11)腿部切出一块梯形原料。

(12)在坯体侧面划出腿部的轮廓,然后将轮廓外的废料去除。

(13)在侧视坯的基础上刻出脚爪并修整圆滑。

(14)将腿固定在雄鸡腹部,另取一段原料刻出一个山石,将雄鸡固定上去,最后安装两个相思豆作为眼睛(见图2-26)。

【操作注意事项】

(1)鸡头部要留出的坯体高度要足够刻鸡冠和额头。雄鸡鸡冠的高度与整个头差不多。

(2)嘴巴的长度约为整个头长度的一半,不可太长也不可太短。

(3)肉垂要大,以体现雄鸡的高贵气势。

(4)刻上下嘴时每次进刀要略带向上的弧形。

(5)鸡冠和肉垂如果不能整雕,也可以采用拼接的方法。

实训五 孔 雀

【操作工具】

切刀,戳线刀,走线刀,槽刀,主刻刀等。

【原料】

心里美萝卜,白萝卜,胡萝卜。

【操作流程】

(1)取一段约8厘米长的粗壮胡萝卜,用黑笔头画出头和颈部的形状和姿态,再刻出头部和颈部的初坯。

(2)仔细刻出孔雀的上下嘴,头部两侧刻出眼睛和眼帘。

(3)将孔雀头部和颈部粘接在另一原料上,修刻出孔雀的弯曲形状。

(4)再用两段胡萝卜刻出空缺的两个脚爪,注意孔雀的爪似鸡爪。

(5)先刻出孔雀翅膀的初坯形状,再用主刀修刻出短羽,肩羽和飞羽。

(6)用走线刀和戳刀刻出尾羽,一般刻出30~40片为宜。

(7)将爪,翅膀,尾羽等拼接安装,刻出孔雀身上的半圆羽毛片,安装上眼睛和冠羽,并用花草等雕刻作品作点缀,完成整个作品。

【操作注意事项】

(1)孔雀的嘴巴上下部分要张开,颈部呈 S 状设计。

(2)尾羽是雕刻孔雀的关键,要刻出 8~12 厘米长的尾羽30 片左右,向后呈30°的圆弧扇形,尾巴的长度一般是身体长度的2倍。

(3)安装尾羽时,注意是从后面的羽毛开始,然后依次盖住前一层,一般后部的尾羽要比前面的尾羽长。

(4)可以调整孔雀头部的位置来整体造型。

(5)拼接处要自然,不要留有相接痕迹,建议可以用一些羽毛盖住。

图2-27 孔 雀

任务四　龙凤造型

任务描述

通过学习,了解龙和凤的形态及结构特征以及龙和凤的制作工艺。

任务分析

熟悉龙凤雕刻过程,熟练掌握龙凤的雕刻方法。

实训一　龙

宋人罗愿为《尔雅》所作的补充《尔雅翼》中,有"释龙"的记载:"角似鹿,头似驼,眼似兔,项似蛇,腹似蜃,鳞似鱼,爪似鹰,掌似虎,耳似牛"。同为宋人的书画鉴赏家郭若虚在《图画见闻志》中也表达了类似的观点。

到了明代,龙的形象更加具体丰满起来,《本草纲目·翼》云:"龙者鳞虫之长。王符言其形有九似:头似牛,角似鹿,眼似虾,耳似象,项似蛇,腹似蛇,鳞似鱼,爪似凤,掌似虎,是也。其背有八十一鳞,具九九阳数。其声如戛铜盘。口旁有须髯,颔下有明珠,喉下有逆鳞。头上有博山,又名尺木,龙无尺木不能升天。呵气成云,既能变水,又能变火。"其中"梅花篆字"所表现的龙骨梅魂,更是把龙的精神和中华民族的精神紧密联系在一起。

在《三国演义》中,罗贯中通过曹操之口,概述了龙的特点:"龙能大能小,能升能隐;大则兴云吐雾,小则隐介藏形;升则飞腾于宇宙之间,隐则潜伏于波涛之内。方今春深,龙乘时变。"

龙在传说里有多种类型,共同特点是身躯长,眼睛突出,嘴边有长须,四对爪子,鳞片大,腥味浓烈,叫声如牛。其中一种龙的形象特点是九似:角似鹿,头似驼,眼似兔,项似蛇,腹似蜃,鳞似鱼,爪似鹰,掌似虎,耳似牛。另一种说法九似是:角似鹿,头似牛,嘴似驴,眼似虾,耳似象,鳞似鱼,须似人,腹似蛇,足似凤。

【操作工具】

切刀,V形走线刀,U形戳刀,主刻刀等。

【原料】

胡萝卜或老南瓜等。

【操作流程】

(1)头部的制作。龙头是最能体现龙神态的部位,结构复杂,造型多样,最难雕刻,是衡量龙雕刻技能的一个标尺。雕刻龙头时要将角、眼、耳、眉、额、鼻、腮、发、舌、齿、唇、獠牙等部位正确合理地表现出来,要求头要昂,口要张,嘴要圆,鼻要鼓,舌要卷,额要变,角要长,眼要凶,牙要利,发要飘。

(2)躯干部的雕刻。龙身体的雕刻要体现"三弯、四曲、五盘"的特征,即:从头部到上腹,从上腹到下腹,从下腹到尾部要形成三个大小各异的弯曲;在形成三个弯曲的同时,又在身体外侧组成四个大小不同的空间;五盘是指龙体在运动中的走势有如"盘山之路"。在进行龙雕刻创作时可以将颈部雕成S形,将身体中部雕刻成C形,尾部雕刻成两个C形。

(3)四肢的雕刻。龙四肢的动态和龙的身体走势及神态要相互协调,四肢的雕刻要体现出"二直、三弯",腿要强健有力,并辅以肘毛、火焰,披毛进行装饰,以增其神威勇猛之态。

(4)爪的雕刻。龙爪酷似鹰爪,雕刻中应注意后蹬爪、攥云爪、着地爪、前伸爪、凌云爪、亮掌爪等不同动态及民间和皇宫龙爪的不同数目。

(5)尾的雕刻。龙尾有鱼尾形、扫尾形、狮尾形、马尾形、蒲扇尾形等多种,雕刻时一般为小卷曲状,还要与龙首相互呼应,与龙体走势相配合,与龙体相互协调。

(6)水、火、云等衬物的雕刻。水、火、云为流动之物,龙为游动之体,两者相得益彰,互为补充。水有水波、水珠、水花;云有流云、团云、行云、卷云;火有火焰、火海、火山、火环。水、火、云与龙进行组合,更能体现出其勇猛无比、包罗万象、变幻莫测的特性(见图2-28)。

图 2 - 28　龙

【操作注意事项】

（1）制作过程中要注意头部、爪和身体的比例关系。

（2）雕刻身体要注意弯曲的角度。

实训二　凤　凰

凤凰，亦作"凤皇"，古代传说中的百鸟之王。雄的称"凤"，雌的称"凰"，总称为凤凰，亦称为丹鸟、火鸟、鹍鸡、威凤等，常用来象征祥瑞。凤凰齐飞，是吉祥和谐的象征，自古就是中国文化的重要元素。

凤凰和龙的形象一样，越往后越复杂，最后有了鸿头、麟臀、蛇颈、鱼尾、龙纹、龟躯、燕子的下巴、鸡的嘴，其身如鸳鸯，翅似大鹏，腿如仙鹤，是多种鸟禽集合而成的一种神物。

【操作工具】

切刀，V 形走线刀，U 形戳刀，主刻刀等。

【原料】

胡萝卜或者南瓜等。

【操作流程】

1. 刻头部

（1）刻额头以及嘴巴。方法同刻绶带鸟一样。注意流出刻凤凰冠的坯体。

（2）刻肉垂。同刻鸡头类似，在嘴根下方刻出凤凰的肉垂，可以是两片也可以是四片。

（3）刻冠。在头顶部刻出向上翘起的冠，注意要厚实。

（4）刻颈部。先在坯体一侧划出凤凰头颈的线条轮廓,然后为基准,刻出 S 形的颈部,并在颈部前侧刻出梯形纹。

（5）刻脸部。在头两侧刻出眼睛和脸部。

（6）贴颈部羽毛。在颈部两侧贴上 S 形的羽毛束,并用线刀刻出细纹。

（7）装灵芝冠。在额头和上嘴交接处装上凤凰独有的灵芝冠。

（8）修整成形。装上相思豆作为眼睛,然后修整即可。

2. 刻翅膀步骤分解

（1）制坯。切一块 3~4 厘米的原料,将其一侧刻成圆弧形,另一侧划出翅膀骨架轮廓。注意,翅膀的长度与颈大小要协调,然后将其刻出波折形态,并削薄,使各处厚度不超过 1.5 厘米。

（2）刻肩羽。用戳线刀在关节处内刻出鱼鳞状肩羽。

（3）刻飞羽。用 U 形刀在肩羽的周围刻出较长的内层飞羽。后再刻出外层飞羽。在用刻刀将翅膀削下,修整一下背面就行。用同样的方法刻出对称的翅膀。

3. 刻尾部

（1）制坯。将原料切出一个厚约 3 毫米的长线。

（2）画轮廓。在尾坯的一面画出线条轮廓。

（3）去废料。将轮廓以外的废料去除。

4. 刻羽纹

用戳线刀在骨羽尾线两侧沿着细羽方向刻出羽纹（见图 2 - 29）。

【操作注意事项】

（1）重要尺寸:头、身体、尾的长度比例为 1:2:3。

（2）关键点:凤凰的雕刻要求基本与喜鹊的要求相同,关键是要刻出凤凰头部的高贵典雅的气质,整体线条呈"S"形。

图 2 - 29　凤　凰

能力测评

一、填空题

1. 凉亭从形状上来分为:(　　)、(　　)、(　　)、(　　)。

2. 制作凉亭时入刀太深容易出现(　　)现象。

3. 雕刻蔷薇花采用(　　)刀法。

4. 雕刻瓜叶菊使用(　　)刀。

5. 制作松针形菊花成品的要求是(　　　)。

6. 制作菊花第六层由于原料小,可以用(　　　)刀去料。

7. 月季花收心使用的是(　　　)刀法。

8. 制作孔雀安装尾羽的方向是(　　　)。

9. 龙身体的雕刻要体现"(　　　)"的特征。

10. 要刻出凤凰的高贵典雅的气质,整体线条呈"(　　　)"形。

二、简答题

1. 制作玲珑球时容易出现哪些问题? 如何解决?

2. 制作月季花第一层分瓣的要求是什么?

3. 雕刻荷花要注意哪些问题?

4. 雕刻仙鹤要掌握哪些形态特点?

5. 简述龙头的雕刻要点。

参考书目

(1)中国就业培训技能指导中心.中式烹调师[M].北京:中国劳动社会保障出版社,2007.

(2)周妙林,夏庆荣.冷菜、冷拼与食品雕刻技艺[M].北京:高等教育出版社,2002.

责任编辑：果凤双

图书在版编目（CIP）数据

冷菜制作工艺与食品雕刻基础／杨旭主编. ‐‐北京：
旅游教育出版社，2016.7
新编全国高等职业院校烹饪专业规划教材
ISBN 978‐7‐5637‐3438‐2

Ⅰ. ①冷… Ⅱ. ①杨… Ⅲ. ①凉菜—制作—高等职业
教育—教材②食品雕刻—高等职业教育—教材 Ⅳ.
①TS972.114

中国版本图书馆 CIP 数据核字（2016）第 156566 号

新编全国高等职业院校烹饪专业规划教材

冷菜制作工艺与食品雕刻基础

杨旭　主编

出版单位	旅游教育出版社
地　　址	北京市朝阳区定福庄南里1号
邮　　编	100024
发行电话	(010)65778403 65728372 65767462(传真)
本社网址	www.tepcb.com
E-mail	tepfx@163.com
排版单位	北京旅教文化传播有限公司
印刷单位	北京柏力行彩印有限公司
经销单位	新华书店
开　　本	710 毫米×1000 毫米　1/16
印　　张	12.25
字　　数	184 千字
版　　次	2016 年 7 月第 1 版
印　　次	2016 年 7 月第 1 次印刷
定　　价	23.00 元

（图书如有装订差错请与发行部联系）